基于 BIM 技术的
绿色建筑施工新方法研究

黄伦鹏　著

中国原子能出版社

图书在版编目（CIP）数据

基于 BIM 技术的绿色建筑施工新方法研究／黄伦鹏著
. —北京：中国原子能出版社，2021.6（2024.1 重印）
ISBN 978 – 7 – 5221 – 1474 – 3

Ⅰ. ①基… Ⅱ. ①黄… Ⅲ. ①生态建筑 – 建筑施工 –
应用软件 – 研究 Ⅳ. ①TU74 – 39

中国版本图书馆 CIP 数据核字（2021）第 132044 号

基于 BIM 技术的绿色建筑施工新方法研究

出版发行	中国原子能出版社（北京市海淀区阜成路 43 号　100048）
责任编辑	胡晓彤
装帧设计	刘慧敏
责任校对	刘慧敏
责任印制	赵明
印　　刷	河北文盛印刷有限公司
经　　销	全国新华书店
开　　本	787 mm×1092 mm　　　　1/16
印　　张	12.75
字　　数	223 千字
版　　次	2021 年 6 月第 1 版　2024 年 1 月第 2 次印刷
书　　号	ISBN 978 – 7 – 5221 – 1474 – 3　　　　定　价　68.00 元

网址：http://www.aep.com.cn　　　　E-mail：atomep123@126.com
发行电话：010 – 68452845　　　　版权所有　侵权必究

前　言

　　BIM 技术全称为 building information modeling，建筑信息模型。利用该技术构建建筑参数模型，可以帮助施工企业实现空间几何、空间功能、材料信息的一体化管理，对提高建筑施工高效性与环保性具有重要的现实意义。随着我国高新技术的不断发展，BIM 技术为建筑行业带来了很多便利。BIM 技术作为建筑信息模型，推动了建筑行业的进步。

　　中国是一个基建大国，基础设施建设能够为国家经济增长提速，建筑业的能源消耗在社会总能源消耗中占很大比例，为了实现经济效益和环境效益双赢，绿色建筑理念应运而生。绿色建筑指在建筑生命周期内，充分节约资源、能量，保护环境和减少污染，为人们提供健康、舒适和与自然和谐共生的建筑。随着城市化进程的加快和建筑业的迅猛发展，人力资源及地球资源的极速消耗和人类生态环境的破坏问题已日益凸显。为保证城市建筑业能够在一个可持续发展的环境中良好运行，大力深入研究并积极发展绿色建筑已成为当下的紧要任务。

　　本书从 BIM 技术概述入手，对 BIM 技术在施工阶段的应用进行了分析，并对绿色施工与建筑信息模型（BIM）进行了探讨，同时通过对 BIM 项目管理及其应用的剖析，系统地阐述了 BIM 项目管理实施规划，最后对建筑施工目标管理 BIM 与可持续设计的未来进行了展望。希望通过本书的介绍，能够为读者在基于 BIM 技术的绿色建筑施工新方法研究方面提供帮助。

　　本书由黄伦鹏（云南工商学院）著。在写作过程中，笔者参考了部分相关资料，获益良多。在此，谨向相关学者、师友表示衷心感谢。

　　由于水平所限，有关问题的研究还有待进一步深化、细化，书中不足之处在所难免，欢迎广大读者批评指正。

著　者

2021 年 2 月

目　　录

第一章　BIM 技术概述

第一节　BIM 的基本概念及由来

BIM 技术是近年来在原有 CAD 技术的基础上发展起来的一种多维模型信息集成技术,可以使所有建筑施工项目的参与方都能在模型中对信息进行操作,从而实现提高建筑工作效率和质量,降低风险和失误的目的。下面将从基本概念、相关软件及技术体系和评价体系等方面对 BIM 技术进行分析。

BIM 在工程建设行业的信息化技术中并不是孤立的存在,大家耳熟能详的就有 CAD、可视化、CAE、GIS 等,而当 BIM 作为一个专有名词进入工程建设行业后很快便引起了大家的关注,其知名度正在呈现爆炸式的扩大,但对 BIM 的认识却也是林林总总,五花八门。在众多对 BIM 的认识中,有两个极端尤为引人注目。其一,是把 BIM 等同于某一个软件产品,例如,BIM 就是 Revit 或者 ArchiCAD;其二,是认为 BIM 应该包括跟建设项目有关的所有信息,包括合同、人事、财务信息等。下面对 BIM 的基本概念进行分析。

一、BIM 的基本概念

BIM 以三维数字技术为基础,集成了建筑工程项目各种相关信息的工程数据模型。它提供的全新建筑设计过程概念——参数化变更技术将帮助建筑设计师更有效的缩短设计时间,提高设计质量,提高对客户和合作者的响应能力。并可以在任何时刻、任何位置、进行任何想要的修改,设计和图纸绘制始终保持协调、一致和完整。

BIM 不仅是强大设计平台,更重要的是,BIM 的创新应用一体化设计与协同工作方式的结合,将对传统设计管理流程和设计院技术人员结构产生变革性的影响。高成本、高专业水平技术人员将从繁重的制图工作中解脱出来而专注于专业技术本身,而较低人力成本的、高软件操作水平的制图员、建模师、初级设计助理将担当起大量的制图建模工作,这为社会提供了一个庞大的就业机会——制图员(模型师)群体;同时,也为大专院校的毕业生就业展现了新的前景。

(一)BIM 的定义

≫ 1. 国际上对 BIM 的一些定义

目前,国内外关于 BIM 的定义或解释有多种版本,现介绍几种常用的 BIM 定义。

(1)McGraw Hill 集团的定义

Mc Graw Hill 集团的一份 BIM 市场报告中将 BIM 定义为:"BIM 是利用数字模型对项目进行设计、施工和运营的过程。"

(2)国际标准组织设施信息委员会的定义

国际标准组织设施信息委员会(Facilities Information Council)将 BIM 定义为:"BIM 是利用开放的行业标准,对设施的物理和功能特性及其相关的项目生命周期信息进行数字化形式的表现,从而为项目决策提供支持,有利于更好地实现项目的价值。"在其补充说明中强调,BIM 将所有的相关方面集成在一个连贯有序的数据组织中,相关的应用软件在被许可的情况下可以获取、修改或增加数据。

≫ 2. BIM 的定义

根据以上对 BIM 的定义、相关文献及资料,可将 BIM 的含义总结为以下三点:①BIM 是以三维数字技术为基础,集成了建筑工程项目各种相关信息的工程数据模型,是对工程项目设施实体与功能特性的数字化表达。②BIM 是一个完善的信息模型,能够连接建筑项目生命期不同阶段的数据、过程和资源,是对工程对象的完整描述,提供可自动计算、查询、组合拆分的实时工程数据,可被建设项目各参与方普遍使用。③BIM 具有单一工程数据源,可解决分布式、异构工程数据之间的一致性和全局共享问题,支持建设项目生命期中动态的工程信息创建、管理和共享,是项目实时的共享数据平台。

借助于中国古代的哲学思想,可以找到 BIM 运动变化的规律。"一阴一阳之谓道",所谓阴所谓阳,构成的是一种互相交替循环的动态状况,这才称其为道,可以帮助大家通过 BIM 的阴阳之道来了解 BIM 的基本概念。

(二)BIM 的特点

BIM 是以建筑工程项目的各项相关信息数据作为基础,建立起三维的建筑模型,通过数字信息仿真模拟建筑物所具有的真实信息。它具有可视化、协调性、模拟性、优化性、可出图性、一体化性、参数化性和信息完备性八大特点。

》》 1.可视化

可视化即"所见所得"的形式,对于建筑行业来说,可视化的真正运用在建筑业的作用是非常大的。例如,经常拿到的施工图纸,只是各个构件的信息在图纸上的采用线条绘制表达,但是其真正的构造形式就需要建筑业参与人员去自行想象了。对于一般简单的东西来说,这种想象也未尝不可,但是近几年建筑业的建筑形式各异,复杂造型在不断地推出,那么这种光靠人脑去想象的东西就未免有点不太现实了。所以 BIM 提供了可视化的思路,让人们将以往的线条式的构件形成一种三维的立体实物图形展示在人们的面前;建筑业也有设计方面出效果图的事情,但是这种效果图是分包给专业的效果图制作团队进行识读设计制作出的线条式信息制作出来的,并不是通过构件的信息自动生成的,缺少了同构件之间的互动性和反馈性,然而 BIM 提到的可视化是一种能够同构件之间形成互动性和反馈性的可视,在 BIM 建筑信息模型中,由于整个过程都是可视化的,所以可视化的结果不仅可以用来效果图的展示及报表的生成,更重要的是,项目设计、建造、运营过程中的沟通、讨论、决策都在可视化的状态下进行。

》》 2.协调性

这个方面是建筑业中的重点内容,不管是施工单位还是业主及设计单位,无不在做着协调及相互配合的工作。一旦项目的实施过程中遇到了问题,就要将各有关人士组织起来开协调会,找出施工问题发生的原因及解决办法,然后出变更方案,做相应补救措施等进行问题的解决。那么这个问题的协调真的就只能出现问题后再进行协调吗?在设计时,往往由于各专业设计师之间的沟通不到位,而出现各种专业之间的碰撞问题。例如,暖通等专业中的管道在进行布置时,由于施工图纸是各自绘制在各自的施工图纸上的,真正施工过程中,可能在布置管线时正好在此处有结构设计的梁等构件在此妨碍着管线的布置,这种就是施工中常遇到的碰撞问题,像这样的碰撞问题的协调解决就只能在问题出现之后再进行解决吗? BIM 的协调性服务就可以帮助处理这种问题。也就是说,BIM 建筑信息模型可在建筑物建造前期对各专业的碰撞问题进行协调,生成协调数据,展示出来。当然 BIM 的协调作用也并不是只能解决各专业间的碰撞问题,它还可以解决例如电梯井布置与其他设计布置及净空要求之协调、防火分区与其他设计布置之协调、地下排水布置与其他设计布置之协调等问题。

3. 模拟性

模拟性并不是只能模拟设计出的建筑物模型,还可以模拟不能够在真实世界中进行操作的事物。在设计阶段,BIM 可以对设计上需要进行模拟的一些东西进行模拟实验,例如,节能模拟、紧急疏散模拟、日照模拟、热能传导模拟等;在招投标和施工阶段可以进行 4D 模拟(三维模型加项目的发展时间),也就是根据施工的组织设计模拟实际施工,从而来确定合理的施工方案来指导施工。同时还可以进行 5D 模拟(基于 3D 模型的造价控制),从而来实现成本控制;后期运营阶段可以模拟日常紧急情况的处理方式的模拟。例如,地震人员逃生模拟及消防人员疏散模拟等。

4. 优化性

事实上整个设计、施工、运营的过程就是一个不断优化的过程,当然优化和 BIM 也不存在实质性的必然联系,但在 BIM 的基础上可以做更好的优化、更好地做优化。优化受三样东西的制约:信息、复杂程度和时间。没有准确的信息做不出合理的优化结果,BIM 模型提供了建筑物的实际存在的信息,包括几何信息、物理信息、规则信息,还提供了建筑物变化以后的实际存在。复杂程度高到一定程度,参与人员本身的能力无法掌握所有的信息,必须借助一定的科学技术和设备的帮助。现代建筑物的复杂程度大多超过参与人员本身的能力极限,BIM 及与其配套的各种优化工具提供了对复杂项目进行优化的可能。基于 BIM 的优化可以做下面的工作。

(1)项目方案优化

把项目设计和投资回报分析结合起来,设计变化对投资回报的影响可以实时计算出来;这样业主对设计方案的选择就不会主要停留在对形状的评价上,而更多地可以使得业主知道哪种项目设计方案更有利于自身的需求。

(2)特殊项目的设计优化

例如裙楼、幕墙、屋顶、大空间到处可以看到异型设计,这些内容看起来占整个建筑的比例不大,但是占投资和工作量的比例和前者相比却往往要大得多,而且通常也是施工难度比较大和施工问题比较多的地方,对这些内容的设计施工方案进行优化,可以带来显著的工期和造价改进。

5.可出图性

BIM 并不是为了出大家日常多见的建筑设计院所出的建筑设计图纸,及一些构件加工的图纸。而是通过对建筑物进行了可视化展示、协调、模拟、优化以后,可以帮助业主出如下图纸:①综合管线图(经过碰撞检查和设计修改,消除了相应错误以后)。②综合结构留洞图(预埋套管图)。③碰撞检查侦错报告和建议改进方案。

由上述内容,可以大体了解 BIM 的相关内容。BIM 在世界很多国家已经有比较成熟的 BIM 标准或者制度。BIM 在中国建筑市场内要顺利发展,必须将 BIM 和国内的建筑市场特色相结合,才能够满足国内建筑市场的特色需求,同时 BIM 将会给国内建筑业带来一次巨大变革。

6.一体化性

基于 BIM 技术可进行从设计到施工再到运营贯穿了工程项目的全生命周期的一体化管理。BIM 的技术核心是一个由计算机三维模型所形成的数据库,不仅包含了建筑的设计信息,而且可以容纳从设计到建成使用,甚至是使用周期终结的全过程信息。

7.参数化性

参数化建模指的是通过参数而不是数字建立和分析模型,简单地改变模型中的参数值就能建立和分析新的模型;BIM 中图元是以构件的形式出现,这些构件之间的不同,是通过参数的调整反映出来的,参数保存了图元作为数字化建筑构件的所有信息。

8.信息完备性

信息完备性体现在 BIM 技术可对工程对象进行 3D 几何信息和拓扑关系的描述及完整的工程信息描述。

二、BIM 出现的必然性

(一)BIM 的市场驱动力

恩格斯曾经说过这样一句被后人广为引用的话,"社会一旦有技术上的需要,则这种需要就会比十所大学更能把科学推向前进",作为正在快速发展和普及应用的 BIM 也不例外。

在过去的几十年当中,航空、航天、汽车、电子产品等其他行业的生产效率通过使用新的生产流程和技术有了巨大提高,市场对全球工程建设行业改进工作效率和质量的压力日益加大。

我国近年来的固定资产的投资规模维持在 10 万亿人民币左右,其中 60% 依靠基本建设完成,生产效率与发达国家比较也还存在不小差距。如果按照美国建筑科学研究院的资料来进行测算,通过提升技术和管理水平,可以节约的建设投资将是十分惊人的。

导致工程建设行业效率不高的原因是多方面的,但是如果研究已经取得生产效率大幅提高的零售、汽车、电子产品和航空等领域,发现行业整体水平的提高和产业的升级只能来自先进生产流程和技术的应用。

BIM 正是这样一种技术、方法、机制和机会,通过集成项目信息的收集、管理、交换、更新、存储过程和项目业务流程,为建设项目生命周期中的不同阶段、不同参与方提供及时、准确、足够的信息,支持不同项目阶段之间、不同项目参与方之间及不同应用软件之间的信息交流和共享,以实现项目设计、施工、运营、维护效率和质量的提高及工程建设行业持续不断的行业生产力水平提升。

(二)BIM 在工程建设行业的位置

现代化、工业化、信息化是我国建筑业发展的三个方向,建筑业信息化可以划分为技术信息化和管理信息化两大部分,技术信息化的核心内容是建设项目的生命周期管理,企业管理信息化的核心内容则是企业资源计划。

不管是技术信息化还是管理信息化,建筑业的工作主体是建设项目本身,因此,没有项目信息的有效集成,管理信息化的效益也很难实现。BIM 通过其承载的工程项目信息把其他技术信息化方法(如 CAD、CAE 等)集成了起来,从而成为技术信息化的核心、技术信息化横向打通的桥梁及技术信息化和管理信息化横向打通的桥梁。

所谓 BIM,即指基于最先进的三维数字设计和工程软件所构建的"可视化"的数字建筑模型,为设计师、建筑师、水电暖铺设工程师、开发商乃至最终用户等各环节人员提供"模拟和分析"的科学协作平台,帮助他们利用三维数字模型对项目进行设计、建造及运营管理,最终使整个工程项目在设计、施工和使用等各个阶段都能够有效地实现节省能源、节约成本、降低污染和提高效率。

BIM 是在项目的全生命周期中都可以进行应用的,从项目的概念设计、施工、运营,甚至后期的翻修或拆除,所有环节都可以提供相关的服务。BIM 不但可以进行单栋建筑设计,还包括一些大型的基础设施项目,包括交通运输、土地规划、环境规划、水利资源规划等。在美国,BIM 的普及率与应用程度较高,政府或业主会主动要求项目运用统一的 BIM 标准,甚至有的州已经立法,强制要求州内的所有大型公共建筑项目必须使用 BIM。目前,美国所使用的 BIM 标准包括 NBIMS 标准、IFC 标准等,不同的州政府或项目业主会选用不同的标准,但是他们的使用前提都是要求通过统一标准为相关利益方带来最大的价值。"欧特克公司创建了一个指导 BIM 实施的工具"BIM Deployment Plan",以帮助业主、建筑师、工程师和承包商实施 BIM。这个工具可以为各个公司提供管理沟通的模型标准,对 BIM 使用环境中各方担任的角色和责任提出建议,并提供最佳的业务和技术惯例,目前英文版已经可以供下载使用,中文版也将在不久后推出。

BIM 方法与理念可以帮助包括设计师、施工方等各相关利益方更好地理解可持续性及它的 4 个重要的因素,即能源、水资源、建筑材料和土地。Erin 向大家介绍了欧特克工程建设行业总部大楼的案例。该项目就是运用 BIM 理念进行设计、施工的,获得了绿色建筑的白金认证。大楼建筑面积超过 5000 m^2,从概念设计到入驻仅用了 8 个月时间,成本节省明显,节省 37% 的能源成本,并真正实现零事故零索赔。欧特克作为业主成为最大的受益方,通过运用 BIM 实现可持续发展的模式,节约了大量可能被耗费的资源和成本。

毋庸置疑,BIM 是引领工程建设行业未来发展的利器,需要积极推广 BIM 在中国的应用,以帮助设计师、建筑师、开发商及业主运用三维模型进行设计、建造和管理,不断推动中国工程建设行业的可持续发展。

(三)行业赋予 BIM 的使命

一个工程项目的建设、运营涉及业主、用户、规划、政府主管部门、建筑师、工程师、承建商、项目管理、产品供货商、测量师、消防、卫生、环保、金融、保险、法务、租售、运营、维护等几十类、成百上千家参与方和利益相关方。一个工程项目的典型生命周期包括规划和设计策划、设计、施工、项目交付和试运行、运营维护、拆除等阶段,时间跨度为几十年到一百年,甚至更长。把这些不同项目参与方和项目阶段联系起来的是基于建筑业法律法规和合同体系建立起来的业务流程,支持完成业务流程或业务活动的是各类专业应用软件,而连接不同业务流程之间和一个业务流程内不同任务或活动之间的纽带则是信息。

一个工程项目的信息数量巨大、信息种类繁多,但是基本上可以分为以下两种形式。

▶▶ 1. 结构化形式

机器能够自动理解的,例如 EXCEL、BIM 文件。

▶▶ 2. 非结构化形式

机器不能自动理解的,需要人工进行解释和翻译,例如 Word、CAIX。目前工程建设行业的做法是,各个参与方在项目不同阶段用自己的应用软件去完成相应的任务,输入应用软件需要的信息,把合同规定的工作成果交付给接收方,如果关系好,也可以把该软件的输出信息交给接收方做参考。下游(信息接收方)将重复上面描述的这个做法。

由于当前合同规定的交付成果以纸质成果为主,在这个过程中项目信息被不断地重复输入、处理、输出成合同规定的纸质成果,下一个参与方再接着输入其软件需要的信息。据美国建筑科学研究院的研究报告统计,每个数据在项目生命周期中被平均输入 7 次。

事实上,在一个建设项目的生命周期内,不仅不缺信息,甚至也不缺数字形式的信息,请问在项目的众多的参与方当中,今天哪一家不是在用计算机处理他们的信息的? 真正缺少的是对信息的结构化组织管理(机器可以自动处理)和信息交换(不用重复输入)。由于技术、经济和法律的诸多原因,这些信息在被不同的参与方以数字形式输入处理以后又被降级成纸质文件交付给下一个参与方了,或者即使上游参与方愿意将数字化成果交付给下游参与方,也因为不同的软件之间信息不能互用而束手无策。

这就是行业赋予 BIM 的使命:解决项目不同阶段、不同参与方、不同应用软件之间的信息结构化组织管理和信息交换共享,使得合适的人在合适的时候得到合适的信息,这个信息要求准确、及时、够用。

BIM的定义或解释有多种版本,麦克格劳·希尔名为"The business Value of BIM"(BIM的商业价值)的市场调研报告中对BIM的定义比较简练,认为"BIM是利用数字模型对项目进行设计、施工和运营的过程"。

相比较而言,美国国家BIM标准对BIM的定义比较完整:"BIM是一个设施(建设项目)物理和功能特性的数字表达;BIM是一个共享的知识资源,是一个分享有关这个设施的信息,为该设施从概念到拆除的全生命周期中的所有决策提供可靠依据的过程;在项目不同阶段,不同利益相关方通过在BIM中插入、提取、更新和修改信息,以支持和反映其各自职责的协同作业。"

美国国家BIM标准由此提出BIM和BIM交互的需求都应该基于:①一个共享的数字表达。②包含的信息具有协调性、一致性和可计算性,是可以由计算机自动处理的结构化信息。③基于开放标准的信息互用。④能以合同语言定义信息互用的需求。

在实际应用的层面,从不同的角度,对BIM会有不同的解读:①应用到一个项目中,BIM代表着信息的管理,信息被项目所有参与方提供和共享,确保正确的人在正确的时间得到正确的信息。②对于项目参与方,BIM代表着一种项目交付的协同过程,定义各个团队如何工作,多少团队需要一块工作,如何共同去设计、建造和运营项目。③对于设计方,BIM代表着集成化设计,鼓励创新,优化技术方案,提供更多的反馈,提高团队水平。

在BIM的动态发展链条上,业务需求(不管是主动的需求还是被动的需求)引发BIM应用,BIM应用需要BIM工具和BIM标准,业务人员(专业人员)使用BIM工具和标准生产BIM模型及信息,BIM模型和信息支持业务需求的高效优质实现。BIM的世界就此而得以诞生和发展。

第二节　BIM软件简介

一、BIM软件的分类

美国Building SMART联盟主席Dana K. Smith先生在其出版的BIM专著Building Information Modeling——A Strategic Implementation Guide for Architects,Engineers Constructors and Real Estate Asset Managers 中下了这样一个论断:"依靠一个软件解决所有问题的时代已经一去不复返了。"

BIM 有一个特点——BIM 不是一个软件的事,其实 BIM 不止不是一个软件的事,准确一点应该说 BIM 不是一类软件的事,而且每一类软件的选择也不只是一个产品,这样一来要充分发挥 BIM 价值为项目创造效益涉及常用的 BIM 软件数量就有十几个到几十个之多了。

谈 BIM、用 BIM 都离不开 BIM 软件,本章节试图通过对目前在全球具有一定市场影响或占有率,并且对国内市场具有一定认识和应用的 BIM 软件(包括能发挥 BIM 价值的软件)进行梳理和分类,希望能够给想对 BIM 软件有个总体了解的同行提供一个参考。

BIM 建模类软件可细分为 BIM 方案设计软件、与 BIM 接口的几何造型软件、可持续分析软件等 12 类软件。接下来分别对属于这些类型的软件按功能简单分成建模类软件、模拟类软件及可视化类软件。

(一)BIM 建模类软件

这类软件英文通常叫"BIM authoring Soft ware",是 BIM 之所以成为 BIM 的基础。换句话说,正是因为有了这些软件才有了 BIM,这也是从事 BIM 的同行要碰到的第一类 BIM 软件,因此称它们为"BIM 核心建模软件",简称"BIM 建模软件"。

常用的 BIM 建模软件主要有以下 4 个类别。

第一,Autodesk 公司的 Revit 建筑、结构和机电系列,在民用建筑市场借助了 Auto CAD 的天然优势,有相当不错的市场表现。

第二,Bentley 建筑、结构和设备系列,Bentley 产品在工厂设计(石油、化工、电力、医药等)和基础设施(道路、桥梁、市政、水利等)领域有无可争辩的优势。

第三,Nemetschek 收购 Graphisoft 以后,ArchiCAD、Allplan、Vectorworks 三个产品就被归到同一个门派里面了,其中国内同行最熟悉的是 ArchiCAD,属于一个面向全球市场的产品,应该可以说是最早的一个具有市场影响力的 BIM 核心建模软件,但是在中国由于其专业配套的功能(仅限于建筑专业)与多专业一体的设计院体制不匹配,很难实现业务突破。Nemetschek 的另外两个产品,Allplan 主要市场在德语区,Vectorworks 则是其在美国市场使用的产品名称。

第四,Dassault 公司的 CATIA 是全球最高端的机械设计制造软件,在航空、航天、汽车等领域具有接近垄断的市场地位,应用到工程建设行业无论是对复杂形体还是超大规模建筑其建模能力、表现能力和信息管理能力都比传统的建筑类软件有明显优势,而与工程建设行业的项目特点和人员特点的对接问题则是其不足之处。Digital Project 是 Gery Technology 公司在 CATIA 基础上开发的一个面向工程建设行业的应用软件(二次开发软件),其本质还是 CATIA,就跟天正的本质是 Auto CAD一样。

因此,对于一个项目或企业 BIM 核心建模软件技术路线的确定,可以考虑如下基本原则:民用建筑用 Autodesk Revit;工厂设计和基础设施用 Bentley;单专业建筑事务所选择 ArchiCAD、Revit、Bentley 都有可能成功;项目完全异形、预算比较充裕的可以选择 Digital Projeit 或 CATIA。

当然,除了上面介绍的情况以外,业主和其他项目成员的要求也是在确定 BIM 技术路线时需要考虑的重要因素。

BIM 核心建模软件的具体介绍如下。

首先来对 Revit 软件进行一个简单的了解。Revit 系列软件在 BIM 模型构建过程中的主要优势体现在三个方面:具备智能设计优势,设计过程实现参数化管理,为项目各参与方提供了全新的沟通平台。

▶▶ 1. Autodesk Revit Architecture

Autodesk Revit Architecture 建筑设计软件可以按照建筑师和设计师的思考方式进行设计,因此,可以开发更高质量、更加精确的建筑设计。专为建筑信息模型而设计的 Autodesk Revit Architecture,能够帮助捕捉和分析早期设计构思,并能够从设计、文档到施工的整个流程中更精确地保持设计理念。利用包括丰富信息的模型来支持可持续性设计、施工规划与构造设计,能做出更加明智的决策。Autodesk Revit Architecture 有以下 13 个特点。

(1)完整的项目,单一的环境

Autodesk Revit Architecture 中的概念设计功能提供了易于使用的自由形状建模和参数化设计工具,并且还支持在开发阶段及早对设计进行分析。可以自由绘制草图,快速创建三维形状,交互式地处理各种形状。可以利用内置的工具构思并表现复杂的形状,准备用于预制和施工环节的模型。随着设计的推进 Autodesk Revit Architecture 能够围绕各种形状自动构建参数化框架,提高创意控制能力、精确性和灵活性。从概念模型直至施工文档,所有设计工作都在同一个直观的环境中完成。

（2）更迅速地制定权威决策

Autodesk Revit Architecture 软件支持在设计前期对建筑形状进行分析，以便尽早做出更明智的决策。借助这一功能，可以明确建筑的面积和体积，进行日照和能耗分析，深入了解建造可行性，初步提取施工材料用量。

（3）功能形状

Autodesk Revit Architecture 中的 Building Maker 功能可以帮助将概念形状转换成全功能建筑设计。可以选择并添加面，由此设计墙、屋顶、楼层和幕墙系统。可以提取重要的建筑信息，包括每个楼层的总面积。可以将来自 Auto CAD 软件和 Autodesk Maya 软件及其他一些应用的概念性体量转化为 Autodesk Revit Architecture 中的体量对象，然后进行方案设计。

（4）一致、精确的设计信息

开发 Autodesk Revit Architecture 软件的目的是按照建筑师与设计师的建筑理念工作；能够从单一基础数据库提供所有明细表、图纸、二维视图与三维视图，并能够随着项目的推进自动保持设计变更的一致。

（5）双向关联

任何一处变更，所有相关位置随之变更。在 Autodesk Revit Architecture 中，所有模型信息存储在一个协同数据库中。对信息的修订与更改会自动反映到整个模型中，从而极大减少错误与疏漏。

（6）明细表

明细表是整个 Autodesk Revit Architecture 模型的另一个视图。对于明细表视图进行的任何变更都会自动反映到其他所有视图中。明细表的功能包括关联式分割及通过明细表视图、公式和过滤功能选择设计元素。

（7）详图设计

Autodesk Revit Architecture 附带丰富的详图库和详图设计工具，能够进行广泛的预分类（presorting），并且可轻松兼容 CSI 格式。可以根据企业的标准创建、共享和定制详图库。

（8）参数化构件

参数化构件亦称族，是在 Autodesk Revit Architecture 中设计所有建筑构件的基础。这些构件提供了一个开放的图形系统，能够自由地构思设计、创建形状，并且还能就设计意图的细节进行调整和表达。可以使用参数化构件设计精细的装配(例如细木家具和设备)及最基础的建筑构件,例如墙和柱,无须编程语言或代码。

(9)材料算量功能

利用材料算量功能计算详细的材料数量。材料算量功能非常适合用于计算可持续设计项目中的材料数量和估算成本,显著优化材料数量跟踪流程。

(10)冲突检测

使用冲突检测来扫描模型,查找构件间的冲突。

(11)基于任务的用户界面

Autodesk Revit Architecture 用户界面提供了整齐有序的桌面和宽大的绘图窗口,可以帮助迅速找到所需工具和命令。按照设计工作流中的创建、注释或协作等环节,各种工具被分门别类地放到了一系列选项卡和面板中。

(12)设计可视化

创建并获得如照片般真实的建筑设计创意和周围环境效果图,在实际动工前体验设计创意。集成的 mental ray(r)渲染软件易于使用,能够在更短时间内生成高质量渲染效果图。协作工作共享工具可支持应用视图过滤器和标签元素及控制关联文件夹中工作集的可见性,以便在包含许多关联文件夹的项目中改进协作工作。

(13)可持续发展设计

软件可以将材质和房间容积等建筑信息导出为绿色建筑扩展性标志语言。用户可以使用 Autodesk Green Building Studio Web 服务进行更深入的能源分析,或使用 Autodesk Ecotect Analysis 软件研究建筑性能。

➤➤ 2. Autodesk Revit Structure

Autodesk Revit Structure 软件改善了结构工程师和绘图人员的工作方式,可以从最大程度上减少重复性的建模和绘图工作及结构工程师、建筑师和绘图人员之间的手动协调所导致的错误。该软件有助于减少创建最终施工图所需的时间,同时提高文档的精确度,全面改善交付给客户的项目质量。

(1)顺畅的协调

Autodesk Revit Structure 采用建筑信息模型(BIM)技术,因此每个视图、每张图纸和每个明细表都是同一基础数据库的直接表现。当建筑团队成员处理同一项目时,不可避免地要对建筑结构做出一些变更,这时,Autodesk Revit Structure 中的参数化变更技术可以自动将变更反映到所有的其他项目视图中——模型视图、图纸、明细表、剖面图、平面图和详图,从而确保设计和文档保持协调、一致和完整。

（2）双向关联

建筑模型及其所有视图均是同一信息系统的组成部分。这意味着用户只需对结构任何部分做一次变更,就可以保证整个文档集的一致性。例如,如果图纸比例发生变化,软件就会自动调整标注和图形的大小。如果结构构件发生变化,该软件将自动协调和更新所有显示该构件的视图,包括名称标记及其他构件属性标签。

（3）与建筑师进行协作

与使用 Autodesk Revit Architecture 软件的建筑师合作的工程师可以充分体验 BIM 的优势,并共享相同的基础建筑数据库。集成的 Autodesk Revit 平台工具可以帮助用户更快地创建结构模型。通过对结构和建筑对象之间进行干涉检查,工程师们可以在将工程图送往施工现场之前更快地检测协调问题。

（4）与水暖电工程师进行协作

与使用 Auto CAD MEP 软件的水暖电工程师进行合作的结构设计师可以显著改善设计的协调性。Autodesk Revit Structure 用户可以将其结构模型导入 Auto CAD MEP,这样,水暖电工程师就可以检查管道和结构构件之间的冲突。Autodesk Revit Structure 还可以通过 ACIS 实体将 Auto CAD MEP 中的三维风管及管道导入结构模型,并以可视化方式检测冲突。此外,与使用 Autodesk Revit MEP 软件的水暖电工程师进行协作的结构工程师可以充分利用建筑信息模型的优势。

（5）增强结构建模和分析功能

在单一应用程序中创建物理模型和分析结构模型有助于节省时间。Autodesk Revit Structure 软件的标准建模对象包括墙、梁系统、柱、板和地基等,不论工程师需要设计钢、现浇混凝土、预制混凝土、砖石还是木结构,都能轻松应对。其他结构对象可被创建为参数化构件。

（6）参数化构件

工程师可以使用 Autodesk Revit Structure 创建各种结构组件,例如托梁系统、梁、空腹托梁、桁架和智能墙族,无须编程语言即可使用参数化构件(亦称族)。族编辑器包含所有数据,能以二维和三维图形、基于不同细节水平表示一个组件。

（7）多用户协作

Autodesk Revit Structure 支持相同网络中的多个成员共享同一模型,而且确保所有人都能有条不紊地开展各自的工作。一整套协作模式可以灵活满足项目团队的工作流程需求,从即时同步访问共享模型,到分成几个共享单元,再到分成单人操作的链接模型。

（8）备选设计方案

借助 Autodesk Revit Structure,工程师可以专心于结构设计,可探索设计变更,开发和研究多个设计方案,为制定关键的设计决策提供支持,并能够轻松地向客户展示多套设计方案。每个方案均可在模型中进行可视化和工程量计算,帮助团队成员和客户做出明智决策。

（9）领先一步,分析与设计相集成

使用 Autodesk Revit Structure 创建的分析模型包含荷载、荷载组合、构件尺寸和约束条件等信息。分析模型可以是整个建筑模型、建筑物的一个附楼,甚至一个结构框架。用户可以使用带结构边界条件的选择过滤器,将子结构（例如框架、楼板或附楼）发送给它们的分析软件,而无须发送整个模型。分析模型使用工程准则创建而成,旨在生成一致的物理结构分析图像。工程师可以在连接结构分析程序之前替换原来的分析设置,并编辑分析模型。

Autodesk Revit Structure 可为结构工程师提供更出色的工程洞察力。它们可以利用用户定义的规则,将分析模型调整到相接或相邻结构构件分析投影面的位置。工程师还可以在对模型进行结构分析之前,自动检查缺少支撑、全局不稳定性和框架异常等分析冲突。分析程序会返回设计信息,并动态更新物理模型和工程图,从而尽量减少繁琐的重复性任务。例如,在不同应用程序中构建框架和壳体模型。

（10）创建全面的施工文档

使用一整套专用工具,可创建精确的结构图纸,并有助于减少由于手动协调设计变更导致的错误。材料特定的工具有助于施工文档符合行业和办公标准。对于钢结构,软件提供了梁处理和自动梁缩进等特性及丰富的详图构件库。对于混凝土结构,在显示选项中可控制混凝土构件的可见性。软件还为柱、梁、墙和基础等混凝土构件提供了钢筋选项。

（11）自动创建剖面图和立面图

与传统方法相比,在 Autodesk Revit Structure 中创建剖面图和立面图更为简单。视图只是整个建筑模型的不同表示,因此用户可以在一个结构中快速打开一个视图,并且可以随时切换到最合适的视图。在打印施工文档时,视图中没有放置在任何图纸上的剖面标签和立面符号将自动隐藏。

(12)自动参考图纸

这一功能有助于确保不会有剖面图、立面图或详图索引参考了错误的图纸或图表,并且图纸集中的所有数据和图形、详图、明细表和图表都是最新和协调一致的。

(13)详图

Autodesk Revit Structure 支持用户为典型详图及特定详图创建详图索引。用户可以使用 Autodesk Revit Structure 中的传统二维绘图工具创建整套全新典型详图。设计师可以从 Auto CAD 软件中导出 DWG 详图,并将其链接至 Autodesk Revit Structure,还可以使用项目浏览器对其加以管理。特定的详图直接来自模型视图。这些基于模型的详图是用二维参数化对象(金属面板、混凝土空心砖、基础上的地脚锚栓、紧固件、焊接符号、钢节点板、混凝土钢筋等)和注释(例如文本和标注)创建而成的。对于复杂的几何图形,Autodesk Revit Structure 提供了基于三维模型的详图,如建筑物伸缩缝、钢结构连接、混凝土构件中的钢筋和更多其他的三维表现。

(14)明细表

按需创建明细表可以显著节约时间,而且用户在明细表中进行变更后,模型和视图将自动更新。明细表特性包括排序、过滤、编组及用户定义公式。工程师和项目经理可以通过定制明细表检查总体结构设计。例如,在将模型与分析软件集成之前,统计并检查结构荷载。如需变更荷载值,可以在明细表中进行修改,并自动反映到整个模型中。

3. Autodesk Revit MEP

Autodesk Revit MEP 建筑信息模型(BIM)软件专门面向水暖电(MEP)设计师与工程师。集成的设计、分析与文档编制工具,支持在从概念到施工的整个过程中,更加精确、高效地设计建筑系统。关键功能支持:水暖电系统建模,系统设计分析来帮助提高效率,更加精确的施工文档,更轻松地导出设计模型用于跨领域协作。

Autodesk Revit MEP 软件专为建筑信息模型而构建(BIM)。BIM 是以协调、可靠的信息为基础的集成流程,涵盖项目的设计、施工和运营阶段。通过采用

BIM,机电管道公司可以在整个流程中使用一致的信息来设计和绘制创新项目,并且还可以通过精确外观可视化来支持更顺畅的沟通,模拟真实的机电管道系统性能以便让项目各方了解成本、工期与环境影响。

借助对真实世界进行准确建模的软件,实现智能、直观的设计流程。Revit MEP 采用整体设计理念,从整座建筑物的角度来处理信息,将给排水、暖通和电气系统与建筑模型关联起来。借助它,工程师可以优化建筑设备及管道系统的设计,进行更好的建筑性能分析,充分发挥 BIM 的竞争优势。同时,利用 Autodesk Revit 与建筑师和其他工程师协同,还可即时获得来自建筑信息模型的设计反馈,实现数据驱动设计所带来的巨大优势,轻松跟踪项目的范围、明细表和预算。Autodesk Revit MEP 软件帮助机械、电气和给排水工程公司应对全球市场日益苛刻的挑战。Autodesk Revit MEP 通过单一、完全一致的参数化模型加强了各团队之间的协作,让用户能够避开基于图纸的技术中固有的问题,提供集成的解决方案。

(1)面向机电管道工程师的建筑信息模型(BIM)

Autodesk Revit MEP 软件是面向机电管道(MEP)工程师的建筑信息模型(BIM)解决方案,具有专门用于建筑系统设计和分析的工具。借助 Revit MEP,工程师在设计的早期阶段就能做出明智的决策,因为他们可以在建筑施工前精确可视化建筑系统。软件内置的分析功能可帮助用户创建持续性强的设计内容并通过多种合作伙伴应用共享这些内容,从而优化建筑效能和效率。使用建筑信息模型有利于保持设计数据协调统一,最大限度地减少错误,并能增强工程师团队与建筑师团队之间的协作性。

(2)建筑系统建模和布局

Revit MEP 软件中的建模和布局工具支持工程师更加轻松地创建精确的机电管道系统。自动布线解决方案可让用户建立管网、管道和给排水系统的模型,或手动布置照明与电力系统。Revit MEP 软件的参数变更技术意味着用户对机电管道模型的任何变更都会自动应用到整个模型中。保持单一、一致的建筑模型有助于协调绘图,进而减少错误。

(3)分析建筑性能,实现可持续设计

Revit MEP 可生成包含丰富信息的建筑信息模型,呈现实时、逼真的设计场景,帮助用户在设计过程中及早做出更为明智的决定。借助内置的集成分析工具,项目团队成员可更好地满足可持续发展的目标和措施,进行能耗分析、评估系统负载,并生成采暖和冷却负载报告。Revit MEP 还支持导出为绿色建筑扩展标记语言(gbXML)文件,以便应用于 Autodesk Ecotect Analysis 软件和 Autodesk Green Building Studio 基于网络的服务,或第三方可持续设计和分析应用。

(4)提高工程设计水平,完善建筑物使用功能

当今,复杂的建筑物要求进行一流的系统设计,以便从效率和用途两方面优化建筑物的使用功能。随着项目变得越来越复杂,确保机械、电气和给排水工程师与其扩展团队之间在设计和设计变更过程中清晰、顺畅地沟通至关重要。Revit MEP 软件专用于系统分析和优化的工具让团队成员实时获得有关机电管道设计内容的反馈,这样,设计早期阶段也能实现性能优异的设计方案。

(5)风道及管道系统建模

直观的布局设计工具可轻松修改模型。Revit MEP 自动更新模型视图和明细表,确保文档和项目保持一致。工程师可创建具有机械功能的 HVAC 系统,并为通风管网和管道布设提供三维建模,还可通过拖动屏幕上任何视图中的设计元素来修改模型,还可在剖面图和正视图中完成建模过程。在任何位置做出修改时,所有的模型视图及图纸都能自动协调变更,因此能够提供更为准确一致的设计及文档。

(6)风道及管道尺寸确定、压力计算

借助 Autodesk Revit MEP 软件中内置的计算器,工程设计人员可根据工业标准和规范[包括美国采暖、制冷和空调工程师协会(ASHRAE)提供的管件损失数据库]进行尺寸确定和压力损失计算。系统定尺寸工具可即时更新风道及管道构件的尺寸和设计参数,无须交换文件或第三方应用软件。使用风道和管道定尺寸工具在设计图中为管网和管道系统选定一种动态的定尺寸方法,包括适用于确定风道尺寸的摩擦法、速度法、静压复得法和等摩擦法及适用于确定管道尺寸的速度法或摩擦法。

(7)HVAC 和电力系统设计

借助房间着色平面图可直观地沟通设计意图。通过色彩方案,团队成员无须再花时间解读复杂的电子表格,也无需用彩笔在打印设计图上标画。对着色平面图进行的所有修改将自动更新到整个模型中。创建任意数量的示意图,并在项目周期内保持良好的一致性。管网和管道的三维模型可让用户创建 HVAC 系统,用户还并可通过色彩方案清晰显示出该系统中的设计气流、实际气流、机械区等重要内容,为电力负载、分地区照明等创建电子色彩方案。

（8）线管和电缆槽建模

Revit MEP 包含功能强大的布局工具，可让电力线槽、数据线槽和穿线管的建模工作更加轻松。借助真实环境下的穿线管和电缆槽组合布局，协调性更为出色，并能创建精确的建筑施工图。新的明细表类型可报告电缆槽和穿线管的布设总长度，以确定所需材料的用量。

（9）自动生成施工文档视图

自动生成可精确反映设计信息的平面图、横断面图、立面图、详图和明细表视图。通用数据库提供的同步模型视图令变更管理更趋一致、协调。所有电子、给排水及机械设计团队都受益于建筑信息模型所提供的更为准确、协调一致的建筑文档。

▶▶ 4. Bentley

Bentley 的核心产品是 Micro Station 与 Project Wise。Micro Station 是 Bentley 的旗舰产品，主要用于全球基础设施的设计、建造与实施。Project Wise 是一组集成的协作服务器产品，它可以帮助 AEC 项目团队利用相关信息和工具，开展一体化的工作。Project Wise 能够提供可管理的环境，在该环境中，人们能够安全地共享、同步与保护信息。同时，Micro Station 和 Project Wise 是面向包含 Bentley 在内的全面的软件应用产品组合的强大平台。企业使用这些产品，在全球重要的基础设施工程中执行关键任务。

（1）建筑业：面向建筑与设施的解决方案

Bentley 的建筑解决方案为全球的商业与公共建筑物的设计、建造与营运提供强大动力。Bentley 是全球领先的多行业集成的全信息模型（BIM）解决方案厂商，产品主要面向全球领先的建筑设计与建造企业。

Bentley 建筑产品使得项目参与者和业主运营商能够跨越不同行业与机构，一体化地开展工作。对所有专业人员来说，跨行业的专业应用软件可以同时工作并实现信息同步，在项目的每个阶段做出明智决策能够极大地节省时间与成本，提高工作质量，同时显著提升项目收益，增强竞争力。

（2）工厂：面向工业与加工工厂的解决方案

Bentley 为设计、建造、营运加工工厂提供工厂软件，包括发电厂、水处理工厂、矿厂及石油、天然气与化学产品加工工厂。在该领域，所面临的挑战是如何使工程、采购与建造承包商（EPC）与业主运营商及其他单位实现一体化协同工作。

Bentley 的 Digital Plant 解决方案能够满足工厂的一系列生命周期需求,从概念设计到详细的工程、分析、建造、营运、维护等方面一应俱全。Digital Plant 产品包括多种包含在 Plant Space 之中的工厂设计应用软件及基于 Micro Station 和 Auto CAD 的 Auto Plant 产品。

(3)地理信息:面向通信、政府与公共设施的解决方案

Bentley 的地理信息产品主要面向全球公共设施、政府机构、通信供应商、地图测绘机构与咨询工程公司。他们利用这些产品对基础设施开展地理方面的规划、绘制、设计与营运。在服务器级别,Bentley 地理信息产品结合了规划与设计数据库。这种统一的方法能够有效简化和统一原来存在于分散的地理信息系统(GIS)与工程环境中的零散的工作流程,企业能够从有效的地理信息管理获益匪浅。

(4)公共设施:面向公路、铁路与场地工程基础设施的解决方案

Bentley 公共设施工程产品在全球范围内被广泛地用于道路、桥梁、场地工程开发、中转与铁路、城市设计与规划、机场与港口及给排水工程。GDL 语言能独立地对模型内各构件的二维信息进行描述,将二维信息转换成三维数据模型,并能在生成的二维图纸上使用平面符号标志出相应的构件位置。Bentley 有多种建模方式,能够满足设计人员对各种建模方式的要求。Bentley 软件是一款基于 Micro Station 图形平台进行三维模型构建的软件。基于 Micro Station 图形平台 Bentley 软件可以进行实体、网格面、B - Spline 曲线曲面、特征参数化、拓扑等多种建模方式。另外,软件还带有两款非常实用的建模插件:Parametric Cell Studio 与 Generative Components。在建模插件的辅助下,软件可以使设计人员完成任意自由曲面和不规则几何造型的设计。在软件建模过程中,凭借软件参数化的设计理念,可以控制几何图形进行任意形态的变化。软件可以通过控制组成空间实体模型的几何元素的空间参数,对三维实体模型进行适当的拓展变形。设计人员通过 Bentley 软件对模型进行拓展,从产生的多种多样的形体变化中可以找到设计的灵感和思路。

Bentley 系统软件的建模工作需与多种第三方软件进行配合,因此建模过程中设计人员会接触到多种操作界面,使其可操作性受到影响。Bentley 软件有多种建模方式,但是不同的建模方式构建出的功能模型有着各不相同的特征行为。设计人员要完全掌握这些建模方式需要花费相当的人力与时间。软件的互用性较差,很多功能性操作只能在不同的功能系统中单独应用,对协同设计工作的完

成会有一定的影响。

(二)BIM 模拟类软件

模拟类软件即为可视化软件,有了 BIM 模型以后,对可视化软件的使用至少有如下好处:可视化建模的工作量减少了;模型的精度和与设计(实物)的吻合度提高了;可以在项目的不同阶段及各种变化情况下快速产生可视化效果。常用的可视化软件包括 3ds、Max、Artlantis、AccuRender 和 Lightscape 等。

预测居民、访客或邻居对建筑的反应及与建筑的相互影响是设计流程中的主要工作。"这栋建筑的阴影会投射到附近的公园内吗?""这种红砖外墙与周围的建筑协调吗?""大厅会不会太拥挤?""这种光线监控器能够为下面的走廊提供充足的日光吗?"只有"看到"设计,即在建成前体验设计才能圆满地回答这些常见问题。可计算的建筑信息模型平台,如 Revit 平台,可以在动工前预测建筑的性能。建筑的性能中,人对于建筑的体验是其中一个方面。准确实现设计的可视化对于预测建筑未来的效果非常重要。

建筑设计的可视化通常需要根据平面图、小型的物理模型、艺术家的素描或水彩画展开丰富的想象。观众理解二维图纸的能力、呆板的媒介、制作模型的成本或艺术家渲染画作的成本,都会影响这些可视化方式的效果。CAD 和三维建模技术的出现实现了基于计算机的可视化,弥补了上述传统可视化方式的不足。带阴影的三维视图、照片级真实感的渲染图、动画漫游,这些设计可视化方式可以非常有效地表现三维设计,目前已广泛用于探索、验证和表现建筑设计理念。这就是当前可视化的特点:可与美术作品相媲美的渲染图,与影片效果不相上下的漫游和飞行。对于商业项目(甚至高端的住宅项目),这些都是常用的可视化手法——扩展设计方案的视觉环境,以便进行更有效的验证和沟通。如果设计人员已经使用了 BIM 解决方案来设计建筑,那么最有效的可视化工作流就是重复利用这些数据,省却在可视化应用中重新创建模型的时间和成本。此外,同时保留冗余模型(建筑设计模型和可视化模型)也浪费时间和成本,增加了出错的概率。

建筑信息模型的可视化 BIM 生成的建筑模型在精确度和详细程度上令人惊叹。因此人们自然而然地会期望将这些模型用于高级的可视化,如耸立在现有建筑群中的城市建筑项目的渲染图,精确显示新灯架设计在全天及四季对室内光线影响的光照分析等。Revit 平台中包含一个内部渲染器,用于快速实现可视化。

要制作更高质量的图片,Revit 平台用户可以先将建筑信息模型导入三维 DWG 格式文件中,然后传输到 3ds Max。由于无须再制作建筑模型,用户可以抽出更多时间来提高效果图的真实感。比如,用户可以仔细调整材质、纹理、灯光,添加家具和配件、周围的建筑和景观,甚至可以添加栩栩如生的三维人物和车辆。

1. 3ds Max

3ds Max 是 Autodesk 公司开发的基于专业建模、动画和图像制作的软件,它提供了强大的基于 Windows 平台的实时三维建模、渲染和动画设计等功能,被广泛应用于建筑设计、广告、影视、动画、工业设计、游戏设计、多媒体制作、辅助教学及工程可视化等领域。在建筑表现和游戏模型制作方面,3ds Max 更是占有绝对优势,目前大部分的建筑效果图、建筑动画及游戏场景都是由 3ds Max 这一功能强大的软件完成的。

3ds Max 从最初的 1.0 版本开始发展到今天,经过了多次的改进,目前在诸多领域得到了广泛应用,深受用户的喜爱。它开创了基于 Windows 操作系统的面向对象操作技术,具有直观、友好、方便的交互式界面,而且能够自由灵活地操作对象,成为 3D 图形制作领域中的首选软件。

3ds Max 的操作界面与 Windows 的界面风格一样,使广大用户可以快速熟悉和掌握软件功能的操作。在实际操作中,用户还可以根据自己的习惯设计个人喜欢的用户界面,以方便工作需要。

无论是建筑设计中的高楼大厦还是科幻电影中的人物角色设计,都是通过三维制作软件 3ds Max 来完成的;从简单的棱柱形几何体到最复杂的形状,3ds Max 通过复制、镜像和阵列等操作,可以加快设计速度,从单个模型生成无数个设计变化模型。

灯光在创建三维场景中是非常重要的,主要用来模拟太阳、照明灯和环境等,从而营造出环境氛围。3ds Max 提供两种类型的灯光系统:标准灯光和光学灯光。当场景中没有灯光时,使用的是系统默认的照明着色或渲染场景,用户可以添加灯光使场景更加逼真,照明增强了场景的清晰度和三维效果。

2. Lightscape

Lightscape 是一种先进的光照模拟和可视化设计系统,用于对三维模型进行精确的光照模拟和灵活方便的可视化设计。Lightscape 是世界上唯一同时拥有光影跟踪技术、光能传递技术和全息技术的渲染软件,它能精确模拟漫反射光线在环境中的传递,获得直接和间接的漫反射光线,使用者不需要积累丰富的实际经验就能得到真实自然的设计效果。Ughtscape 可轻松使用一系列交互工具进行光能传递处理、光影跟踪和结果处理。

3. Artlantis

Artlantis 是法国 Abvent 公司的重量级渲染引擎,也是 SketchUp 的一个天然渲染伴侣,它是用于建筑室内和室外场景的专业渲染软件,其超凡的渲染速度与质量,无比友好和简洁的用户界面令人耳目一新,被誉为建筑绘图场景、建筑效果图画和多媒体制作领域的一场革命,其渲染速度极快,Artlantis 与 SketchUp、3ds Max、ArchiCAD 等建筑建模软件可以无缝链接,渲染后所有的绘图与动画影像呈现让人印象深刻。

Artlantis 中许多高级的专有功能为任意的三维空间工程提供真实的硬件和灯光现实仿真技术。对于许多主流的建筑 CAD 软件,如 ArchiCAD、Vectorworks、SketchUp、AutoCAD、Arc＋等,Artlantis 可以很好地支持输入通用的 CAD 文件格式:dxf、dwg、3ds 等。

Artlantis 家族共包括两个版本。Artlantis R,非常独特、完美地用计算渲染的方法表现现实的场景。另一个新的特性就是使用简单的拖拽就能把 3D 对象和植被直接放在预演窗口(preview window)中,来快速地模拟真实的环境。Artlantis Studio(高级版),具备完美、专业的图像、动画、QuickTime VR 虚拟物体等功能,并采用了全新的 FastRadiosity(快速辐射)引擎,企业版提供了场景动画、对象动画,及许多使相机平移、视点、目标点的操作更简单、更直觉的新功能。

三维空间理念的诞生造就了 Artlantis 渲染软件的成功,拥有 80 多个国家超过 65000 之多的用户群。虽然在国内,还没有更多的人接触它、使用它,但是其操作理念、超凡的速度及相当好的质量证明它是一个难得的渲染软件,其优点包括以下几点。

(1)只需点击

Artlantis 综合了先进和有效的功能来模拟真实的灯光,并且可以直接与其他的 CAD 类软件互相导入导出(例如 ArchiCAD、Vectorworks、SketchUp、Auto-

CAD、Arc＋＋等），支持的导入格式包括 dxf、dwg、3ds 等。

Artlantis 渲染器的成功来源于 Artlantis 友好简洁的界面和工作流程，还有高质量的渲染效果和难以置信的计算速度。可以直接通过目录拖放，为任何物体、表面和 3D 场景的任何细节指定材质。Artlantis 的另一个特点就是自带有大量的附加材质库，并可以随时扩展。

Artlantis 自带的功能，可以虚拟现实中的灯光。Artlantis 能够表现所有光线类型的光源（点光源、灯泡、阳光等）和空气的光效果（大气散射、光线追踪、扰动、散射、光斑等）。

（2）物件

Artlantis 的物件管理器极为优秀，使用者可以轻松地控制整个场景。无论是植被、人物、家具，还是一些小装饰物，都可以在 2D 或 3D 视图中清楚地被识别，从而方便地进行操作。甚至使用者可以将物件与场景中的参数联系起来，例如树木的枝叶可以随场景的时间调节而变化，更加生动、方便地表现渲染场景。

（3）透视图和投影图

每个投影图和 3D 视图都可以被独立存储于用户自定义的列表中，当需要时可以从列表中再次打开其中保存的参数（例如物体位置、相机位置、光源、日期与时间、前景背景等）。Artlantis 的批处理渲染功能，只需要点击一次鼠标，就可以同时计算所有视图。

Artlantis 的本质就是创造性和效率，因而其显示速度、空间布置和先进的计算性都异常优秀。Artlantis 可以用难以置信的方式快速管理数据量巨大的场景，交互式的投影图功能使得 Artlantis 使用者可以轻松地控制物件在 3D 空间的位置。

（4）技术

通过对先进技术的大量运用（例如多处理器管理、OpenGL 导航等），Artlantis 带来了图像渲染领域革命性的概念与应用。一直以界面友好著称的 Artlantis 渲染器，在之前成功版本的基础上，通过整合创新的科技发明，必会成为图形图像设计师的最佳伙伴。

（三）BIM 分析类软件

▶▶ 1. BIM 可持续（绿色）分析软件

可持续或者绿色分析软件可以使用 BIM 模型的信息对项目进行日照、风环境、热工、景观可视度、噪声等方面的分析，主要软件有国外的 Ecotect、IES、Green Building Studio 及国内的 PKPM 等。

PKPM 是中国建筑科学研究院建筑工程软件研究所研发的工程管理软件。中国建筑科学研究院建筑工程软件研究所是我国建筑行业计算机技术开发应用的最早单位之一。它以国家级行业研发中心、规范主编单位、工程质检中心为依托，技术力量雄厚。软件所的主要研发领域集中在建筑设计 CAD 软件、绿色建筑和节能设计软件、工程造价分析软件、施工技术和施工项目管理系统、图形支撑平台、企业和项目信息化管理系统等方面，并创造了 PKPM、ABD 等全国知名的软件品牌。

PKPM 没有明确的中文名称，一般就直接读 PKPM 的英文字母。最早这个软件只有两个模块——PK（排架框架设计）、PMCAD（平面补助设计），因此合称 PKPM。现在这两个模块依然还在，功能大大加强，更加入了大量功能更强大的模块。

PKPM 是一个系列，除了集建筑、结构、设备（给排水、采暖、通风空调、电气）设计于一体的集成化 CAD 系统以外，目前 PKPM 还有建筑概预算系列软件（钢筋计算、工程量计算、工程计价）、施工系列软件（投标系列、安全计算系列、施工技术系列）、施工企业信息化软件（目前全国很多特级资质的企业都在用 PKPM 的信息化系统）。

PKPM 在国内设计行业占有绝对优势，拥有用户上万家，市场占有率达 90% 以上，现已成为国内应用最为普遍的 CAD 系统。它紧跟行业需求和规范更新，不断推陈出新，开发出对行业产生巨大影响的软件产品，使国产自主知识产权的软件十几年来一直占据我国结构设计行业应用和技术的主导地位，及时满足了我国建筑行业快速发展的需要，显著提高了设计效率和质量，为实现住建部提出的"甩图板"目标做出了重要贡献。

PKPM 系统在提供专业软件的同时，提供二维、三维图形平台的支持，从而使全部软件具有自主知识版权，为用户节省购买国外图形平台的巨大开销；跟踪 Auto CAD 等国外图形软件先进技术，并利用 PKPM 广泛的用户群实际应用，在专业软件发展的同时，带动了图形平台的发展，成为国内为数不多的成熟图形平台之一。

软件研究所在立足国内市场的同时，积极开拓海外市场。目前已开发出英国规范、美国规范版本,并进入了新加坡、马来西亚、韩国、越南等国家和中国的香港、台湾地区市场,使 PKPM 软件成为国际化产品,提高了国产软件在国际竞争中的地位和竞争力。

现在,PKPM 已经成为面向建筑工程全生命周期的集建筑、结构、设备、节能、概预算、施工技术、施工管理、企业信息化于一体的大型建筑工程软件系统,以其全方位发展的技术领域确立了在业界独一无二的领先地位。

▶▶ 2.BIM 机电分析软件

水暖电等设备和电气分析软件国内产品有鸿业、博超等,国外产品有 Design Master,IES Virtual Environment,Trane Trace 等。

以博超为例,对其下属的大型电力电气工程设计软件 EAP 进行简单介绍。

（1）统一配置

采用网络数据库后,配置信息不再独立于每台计算机。所有用户在设计过程中都使用网络服务器上的配置,保证了全院标准的统一。配置有专门权限的人员进行维护,保证了配置的唯一性、规范性,同时实现了一人扩充,全院共享。

（2）主接线设计

软件提供了丰富的主接线典型设计库,可以直接检索、预览、调用通用主接线方案,并且提供了开放的图库扩充接口,用户可自由扩充常用的主接线方案。可以按照电压等级灵活组合主接线典型方案,回路、元件混合编辑,完全模糊操作,无须精确定位,插入、删除、替换回路完全自动处理,自动进行设备标注,自动生成设备表。

（3）中低压供配电系统设计

典型方案调用将常用系统方案及个人积累的典型设计管理起来,随手可查,动态预览,直接调用;提供上千种定型配电柜方案,系统图表达方式灵活多样,可适应不同单位的个性化需求。自由定义功能以模型化方式自动生成任意配电系统,彻底解决了绘制非标准配电系统的难题;能够识别用户以前绘制的老图,无论是用 CAD 绘制还是其他软件绘制,都可用博超软件方便的编辑功能进行修改。对已绘制的图纸可以直接进行柜子和回路间的插入、替换、删除操作,可以套用不同的表格样式,原有的表格内容可以自动填写在新表格中。

低压配电设计系统根据回路负荷自动调整定配电元件及线路、保护管规格,并进行短路、压降及电机启动校验。设计结果不但满足系统正常运行,而且满足上下级保护元件配合,保证最大短路可靠分断、最小短路分断灵敏度,保证电机启动母线电压水平和电机端电压和启动能力,并自动填写设计结果。

（4）成组电机启动压降计算

用户可自由设定系统接线形式,包括系统容量变压器型号容量、线路规格等,可以灵活设定电动机的台数及每台电动机的型号参数,包括电动机回路的线路长度及电抗器定,软件自动按照阻抗导纳法计算每台电动机的端电压压降及母线的压降。

（5）高中压短路电流计算

软件可以模拟实际系统合跳闸及电源设备状态计算单台至多台变压器独立或并联运行等各种运行方式下的短路电流,自动生成详细的计算书和阻抗图。可以采用自由组合的方式绘制系统接线图,任意设定各项设备参数,软件根据用户自由绘制的系统进行计算,自动计算任意短路点的三相短路、单相短路、两相短路及两相对地等短路电流,自动计算水轮、汽轮及柴油发电机、同步电动机、异步电动机的反馈电流,可以任意设定短路时间,自动生成正序、负序、零序阻抗图及短路电流计算结果表。

（6）高压短路电流计算及设备选型校验

根据短路计算结果进行高压设备选型校验,可完成各类高压设备的自动选型,并对选型结果进行分断能力、动热稳定等校验。选型结果可生成计算书及CAD 格式的选型结果表。

（7）导线张力弧垂计算

可以从图面上框选导线自动提取计算条件进行计算,也可以根据设定的导线和现场参数进行拉力计算。可以进行带跳线、带多根引下线、组合或分裂导线在各种工况下的导线力学计算。计算结果能够以安装曲线图、安装曲线表和 Word格式计算书三种形式输出。

（8）配电室、控制室设计

由系统自动生成配电室开关柜布置图,根据开关柜类型自动确定柜体及埋件形式,可以灵活设定开关柜的编号及布置形式,包括单、双列布置及柜间通道设置,同步绘制柜下沟、柜后沟及沟间开洞和尺寸标注。由变压器规格自动确定变压器尺寸及外形,可生成变压器平面、立面、侧面图。参数化绘制电缆沟、桥架平面布置及断面布置,可以自动处理接头、拐角、三通、四通。平面自动生成断面,直接查看三维效果,并且可以直接在三维模式下任意编辑。

（9）全套弱电及综合布线系统设计

能够进行综合布线、火灾自动报警及消防联动系统、通信及信息网络系统、建筑设备监控系统、安全防范系统、住宅小区智能化等所有弱电系统的设计。

（10）二次设计

自动化绘制电气控制原理图并标注设备代号和端子号,自动分配和标注节点编号。从原理图自动生成端子排接线、材料表和控制电缆清册。可手动设定、生成端子排,也可以识别任意厂家绘制的端子排或旧图中已有的端子排,并且能够使用软件的编辑功能自由编辑。能够对端子排进行正确性校验,包括电缆的进出线位置、编号、芯数规格及来去向等,对出现的错误除列表显示详细错误原因外还可以自动定位并高亮显示,方便查找修改。绘制盘面、盘内布置图,绘制标字框、光字牌及代号说明,参数化绘制转换开关闭合表,自动绘制 KKS 编号对照表。提供电压控制法与阶梯法蓄电池容量计算。可以完成 6～10kV 及 35kV 以上继电保护计算,可以自由编辑计算公式,可以满足任意厂家继电设备的整定计算。

（11）照度计算

提供利用系数法和逐点法两种算法。利用系数法可自动按照屋顶和墙面的材质确定反射率,自动按照照度标准确定灯具数量。逐点法可计算任意位置的照度值,可以计算水平面和任意垂直面照度、功率密度与工作区均匀度,并且可以按照计算结果准确模拟房间的明暗效果。

软件包含了最新规范要求,可以在线查询最新规范内容,并且能够自动计算并校验功率密度、工作区均匀度和眩光,包括混光灯在内的各种灯具的照度计算。灯具库完全开放,可以根据厂家样本直接扩充灯具参数。

（12）平面设计

智能化平面专家设计体系用于动力、照明、弱电平面的设计,具有自由、靠墙、动态、矩阵、穿墙、弧形、环形、沿线、房间复制等多种设备放置方式。动态可视化设备布置功能使用户在设计时同步看到灯具的布置过程和效果。对已绘制的设备可以直接进行替换、移动、镜像及设备上的导线联动修改。设备布置时可记忆默认参数,布置完成后可直接统计,无须另外赋值。提供全套新国标图库及新国标符号解决方案,完全符合新国标。自动及模糊接线使线路布置变得极为简单,并可直接绘制各种专业线型。提供开关和灯具自动接线工具,绘制中交叉导线可自动打断,打断的导线可以还原。据设计经验和本人习惯自动完成设备及线路选型,进行相应标注,可以自由设定各种标注样式。提供详细的初始设定工具,所有细节均可自由设定。自动生成单张或多张图纸的材料表。

按设计者意图和习惯分配照明箱和照明回路,自动进行照明系统负荷计算,并生成照明系统图。系统图形式可任意设定。按照规范检验回路设备数量、检验相序分配和负荷平衡,以闪烁方式验证调整照明箱、线路及设备连接状态,保证照明系统的合理性。平面与系统互动调整,构成完善的智能化平面设计体系。

(四)BIM 结构分析软件

结构分析软件是目前和 BIM 核心建模软件集成度比较高的产品,基本上两者之间可以实现双向信息交换,即结构分析软件可以使用 BIM 核心建模软件的信息进行结构分析,分析结果对结构的调整又可以反馈到 BIM 核心建模软件中去,自动更新 BIM 模型。ETABS、STAAD、Robot 等国外软件及 PKPM 等国内软件都可以跟 BIM 核心建模软件配合使用。

▶▶ 1. ETABS

ETABS 是由美国 CSI 公司开发研制的房屋建筑结构分析与设计软件,ETABS 涵括美国、中国、英国、加拿大、新西兰及其他国家和地区的最新结构规范,可以完成绝大部分国家和地区的结构工程设计工作。ETABS 在全世界一百多个国家和地区销售,超过 10 万位工程师在用它来进行结构分析和设计工作。中国建筑标准设计研究所同美国 CSI 公司展开全面合作,已将中国设计规范全面地注入 ETABS 中,现已推出完全符合中国规范的 ETABS 中文版软件。除了 ETABS,他们还正在共同开发和推广 SAP2000(通用有限元分析软件)、SAFE(基础和楼板设计软件)等业界公认的技术领先软件的中英文版本,并进行相应的规范贯入工作。此举将为中国的工程设计人员提供优质服务,提高我国的工程设计整体水平,同时也引入国外的设计规范供我国的设计和科研人员使用和参考研究,在工程设计领域逐步与发达国家接轨,具有战略性的意义。

目前,ETABS 已经发展成为一个完善且易于使用的面向对象的分析、设计、优化、制图和加工数字环境、建筑结构分析与设计的集成化环境:具有直观、强大的图形界面功能及一流的建模、分析和设计功能。

ETABS 集成了荷载计算、静动力分析、线性和非线性计算等所有计算分析为一体,容纳了最新的静力、动力、线性和非线性分析技术,计算快捷,分析结果合理可靠,其权威性和可靠性得到了国际上业界的一致肯定。ETABS 除一般高层结构计算功能外,还可计算钢结构、钩、顶、弹簧、结构阻尼运动、斜板、变截面梁等特殊构件和结构非线性计算(Pushover、Buckling、施工顺序加载等),甚至可以计算结构基础隔震问题,功能非常强大。

(1)ETABS 的分析功能

ETABS 的分析计算功能十分强大,这是国际上业界的公认事实,可以这样讲,ETABS 是高层建筑分析计算的标尺性程序。它囊括几乎所有结构工程领域内的最新结构分析功能,二十多年的发展,使得 ETABS 积累了丰富的结构计算分析经验,从静力、动力计算,到线性、非线性分析,从 P - Delta 效应到施工顺序加载,从结构阻尼器到基础隔震,都能运用自如,为工程师提供经过大量的结构工程检验的最可靠的分析计算结果。

ETABS 包含了强大的塑性分析功能,既能满足结构弹性分析的功能,也能满足塑性分析的需求,如材料非线性、大变形、FNA(fast nonlincar analysis)方法等选项。在 Pushover 分析中包含 FEMA273、ATC - 40 规范、塑性单元进行非线性分析。更高级的计算方法包括非线性阻尼、推倒分析、基础隔震、施工分阶段加载、结构撞击和抬举、侧向位移和垂直动力的能量算法、容许垂直楼板震动问题等。

(2)ETABS 的设计功能

ETABS 采用完全交互式图形方式进行结构设计,可以同时设计钢筋混凝土结构、钢结构和混合结构,运用多种国际结构设计规范,使得 ETABS 的结构设计功能更加强大和有效,同时可以进行多个国家和地区的设计规范设计结果的对比。

针对结构设计中烦琐的反复修改截面、计算、验算过程,ETABS 采用结构优化设计理论可以对结构进行优化设计,针对实际结构只需确定预选截面组和迭代规则,就可以进行自动计算选择截面、校核、修改的优化设计。同时,ETABS 内置了 Section Designer 截面设计工具,可以对任意截面确定截面特性。ETABS 适用于任何结构工程任务的一站式解决方案。

▶▶ **2. STAAD. Pro**

STAAD. Pro 是结构工程专业人员的最佳选择,可通过其灵活的建模环境、高级的功能和流畅的数据协同进行涵洞、石化工厂、隧道、桥梁、桥墩等几乎任何设施的钢结构、混凝土结构、木结构、铝结构和冷弯型钢结构设计。

STAAD. Pro 助力结构工程师可通过其灵活的建模环境、高级的功能及流畅的数据协同分析设计几乎所有类型的结构,灵活的建模通过一流的图形环境来实现,并支持 7 种语言及 70 多种国际设计规范和 20 多种美国设计规范,包括一系列先进的结构分析和设计功能。通过流畅的数据协同来维护和简化目前的工作流程,从而实现效率提升。

使用 STAAD. Pro 为大量结构设计项目和全球市场提供服务,可扩大客户群,从而实现业务增长。

STAAD/CHINA 主要具有以下功能:①强大的三维图形建模与可视化前后处理功能。STAAD. Pro 本身具有强大的三维建模系统及丰富的结构模板,用户可方便快捷地直接建立各种复杂三维模型。用户亦可通过导入其他软件生成的标准 DXF 文件在 STAAD 中生成模型。对各种异形空间曲线、二次曲面,用户可借助 Excel 电子表格生成模型数据后直接导入到 STAAD 中建模。最新版本 STAAD 允许用户通过 STAAD 的数据接口运行用户自编宏建模。用户可用各种方式编辑 STAAD 的核心的 STD 文件(纯文本文件)建模。用户可在设计的任何阶段对模型的部分或整体进行任意的移动、旋转、复制、镜像、阵列等操作。②超强的有限元分析能力,可对钢、木、铝、混凝土等各种材料构成的框架、塔架、桁架、网架(壳)、悬索等各类结构进行线性、非线性静力、反应谱及时程反应分析。③国际化的通用结构设计软件,程序中内置了世界 20 多个国家的标准型钢库供用户直接选用,也可由用户自定义截面库,并可按照美国、日本、欧洲各国等国家和地区的结构设计规范进行设计。④可按中国现行的结构设计规范,如《建筑抗震设计规范》《建筑结构荷载规范》《钢结构设计规范》《门式刚架轻型房屋钢结构技术规程》等进行设计。⑤普通钢结构连接节点的设计与优化。⑥完善的工程文档管理系统。⑦结构荷载向导自动生成风荷载、地震作用和吊车荷载。⑧方便灵活的自动荷载组合功能。⑨增强的普通钢结构构件设计优化。

二、部分软件简介

(一)DP(digital project)

DP 是盖里科技公司(Gehry Technologies)基于 CATIA 开发的一款针对建筑设计的 BIM 软件,目前已被世界上很多顶级的建筑师和工程师所采用,进行一些最复杂,最有创造性的设计,优点就是十分精确,功能十分强大(抑或是当前最强大的建筑设计建模软件),缺点是操作起来比较困难。

(二)Revit

AutoDesk 公司开发的 BIM 软件,针对特定专业的建筑设计和文档系统,支持所有阶段的设计和施工图纸。从概念性研究到最详细的施工图纸和明细表。Revit 平台的核心是 Revit 参数化更改引擎,它可以自动协调在任何位置(例如在模型视图或图纸、明细表、剖面、平面图中)所做的更改。这也是在我国普及最广的 BIM 软件,实践证明,它能够明显提高效率。优点是普及性强,操作相对简单。

(三)Grasshopper

基于 Rhion 平台的可视化参数设计软件,适合对编程毫无基础的设计师,它将常用的运脚本打包成 300 多个运算器,通过运算器之间的逻辑关联进行逻辑运算,并且在 Rhino 的平台中即时可见,有利于设计中的调整。优点是方便上手,可视操作。缺点是运算器有限,会有一定限制(对于大多数的设计足够)。

(四)Rhino Script

Rhino Script 是架构在 VB(visual basic)语言之上的 Rhino 专属程序语言,大致上又可分为 Marco 与 Script 两大部分,Rhino Script 所使用的 VB 语言的语法基本上算是简单的,已经非常接近日常的口语。优点是灵活,无限制;缺点是相对复杂,要有编程基础和计算机语言思维方式。

(五)Processing

也是代码编程设计,但与 Rhino Script 不同的是,Processing 是一种具有革命性、前瞻性的新兴计算机语言,它的概念是在电子艺术的环境下介绍程序语言,并将电子艺术的概念介绍给程序设计师。它是 Java 语言的延伸,并支持许多现有的 java 语言架构,不过在语法(syntax)上简易许多,并具有许多贴心及人性化的设计。Processing 可以在 Windows,MACOSX,MACOS9. Linux 等操作系统上使用。

(六)Navisworks

Navisworks 软件提供了用于分析、仿真和项目信息交流的先进工具。完备的四维仿真、动画和照片级效果图功能使用户能够展示设计意图并仿真施工流程,从而加深设计理解并提高可预测性。实时漫游功能和审阅工具集能够提高项目团队之间的协作效率。Autodesk Navisworks 是 Autodesk 出品的一个建筑工程管理软件套装,使用 Navisworks 能够帮助建筑、工程设计和施工团队加强对项目成果的控制。Navisworks 解决方案使所有项目相关方都能够整合和审阅详细设计模型,帮助用户获得建筑信息模型工作流带来的竞争优势。

(七)RTWO

RIBI TWO 建筑项目的生命周期(construction project life cycle),可以说是全球第一个数字与建筑模型系统整合的建筑管理软件。它的软件构架别具一格,在软件中集成了算量模块、进度管理模块、造价管理模块等,这就是传说中"超级软件",与传统的建筑造价软件有质的区别,与我国的 BIM 理论体系比较吻合。

第三节　BIM 技术体系与评价体系

一、BIM 技术体系

BIM 对建筑业的绝大部分同行来说还是一种比较新的技术和方法,在 BIM

产生和普及应用之前及其过程中,建筑行业已经使用了不同种类的数字化及相关技术和方法,包括 CAD、可视化、参数化、CAE、协同、BIM、IPD、VDC、精益建造、流程、互联网、移动通信、RFID 等。下面对 BIM 技术体系进行简要介绍。

(一)BIM 和 CAD

BIM 和 CAD 是两个天天要碰到的概念,因为目前工程建设行业的现状就是人人都在用着 CAD,人人都知道了还有一个新东西叫做 BIM,听到、碰到的频率越来越高,而且用 BIM 的项目和人在慢慢多起来,这方面的资料也在慢慢多起来。

(二)BIM 和可视化

可视化是创造图像、图表或动画来进行信息沟通的各种技巧,自从人类产生以来,无论是沟通抽象的还是具体的想法,利用图画的可视化方法都已经成为一种有效的手段。

从这个意义上来说,实物的建筑模型、手绘效果图、照片、电脑效果图、电脑动画都属于可视化的范畴,符合"用图画沟通思想"的定义,但是二维施工图不是可视化,因为施工图本身只是一系列抽象符号的集合,是一种建筑业专业人士的"专业语言",而不是一种"图画",因此施工图属于"表达"范畴,也就是把一件事情的内容讲清楚,但不包括把一件事情讲的容易沟通。

当然,这里说的可视化是指电脑可视化,包括电脑动画和效果图等。有趣的是,大家约定成俗地对电脑可视化的定义与维基百科的定义完全一致,也和建筑业本身有史以来的定义不谋而合。

如果把 BIM 定义为建设项目所有几何、物理、功能信息的完整数字表达或者称之为建筑物的 DNA 的话,那么 2D CAD 平、立、剖面图纸可以比作是该项目的心电图、B 超,而可视化就是这个项目特定角度的照片或者录像,即 2D 图纸和可视化都只是表达或表现了项目的部分信息,但不是完整信息。

在目前 CAD 和可视化作为建筑业主要数字化工具的时候,CAD 图纸是项目信息的抽象表达,可视化是对 CAD 图纸表达的项目部分信息的图画式表现,由于可视化需要根据 CAD 图纸重新建立三维可视化模型,因此时间和成本的增加及错误的发生就成为这个过程的必然结果,更何况 CAD 图纸是在不断调整和变化的。在这种情形下,要让可视化的模型和CAD图纸始终保持一致,成本会非常高。一般情形下,效果图看完也就算了,不会去更新保持和CAD图纸一致。这也就是为什么目前情况下项目建成的结果和可视化效果不一致的主要原因之一。

使用BIM以后这种情况就变过来了。首先,BIM本身就是一种可视化程度比较高的工具,而可视化是在BIM基础上的更高程度的可视化表现。其次,由于BIM包含了项目的几何、物理和功能等完整信息,可视化可以直接从BIM模型中获取需要的几何、材料、光源、视角等信息,不需要重新建立可视化模型,可视化的工作资源可以集中到提高可视化效果上来,而且可视化模型可以随着BIM设计模型的改变而动态更新,保证可视化与设计的一致性。最后,由于BIM信息的完整性及与各类分析计算模拟软件的集成,拓展了可视化的表现范围,如4D模拟、突发事件的疏散模拟、日照分析模拟等。

(三)BIM和参数化建模

▶▶ 1.什么不是参数化建模

一般的CAD系统,确定图形元素尺寸和定位的是坐标,这不是参数化。为了提高绘图效率,在上述功能基础上可以定义规则来自动生成一些图形,如复制、阵列、垂直、平行等,这也不是参数化。道理很简单,这样生成的两条垂直的线,其关系是不会被系统自动维护的,用户编辑其中的一条线,另外一条不会随之变化。在CAD系统基础上,开发对于特殊工程项目(例如水池)的参数化自动设计应用程序,用户只要输入几个参数(如直径、高度等),程序就可以自动生成这个项目的所有施工图、材料表等,这还不是参数化。有两点原因:这个过程是单向的,生成的图形和表格已经完全没有智能(这个时候如果修改某个图形,其他相关的图形和表格不会自动更新);这种程序对能处理的项目限制极其严格,也就是说,嵌入其中的专业知识极其有限。为了使通用的CAD系统更好地服务于某个行业或专业,定义和开发面向对象的图形实体(被称之为"智能对象"),然后在这些实体中存放非几何的专业信息(如墙厚、墙高等),这些专业信息可用于后续的统计分析报表等工作,这仍然不是参数化。理由如下:①用户自己不能定义对象(例如一种新的门),这个工作必须通过API编程才能实现。②用户不能定义对象之间的关系（例如把两个对象组装起来变成一个新的对象）。③非几何信息附着在图形实体（智能对象）上，几何信息和非几何信息本质上是分离的，因此需要专门的工作或工具来检查几何信息和非几何信息的一致性和同步，当模型大到一定程度以后，这个工作慢慢变成实际上的不可能。

➤➤ 2.什么是参数化建模

图形由坐标确定，这些坐标可以通过若干参数来确定。例如，要确定一扇窗的位置，可以简单地输入窗户的定位坐标，也可以通过几个参数来定位：如放在某段墙的中间、窗台高度 900 mm、内开，这样这扇窗在这个项目的生命周期中就跟这段墙发生了永恒的关系，除非被重新定义，而系统则把这种永恒的关系记录了下来。

参数化建模是用专业知识和规则（而不是几何规则，用几何规则确定的是一种图形生成方法，例如两个形体相交得到一个新的形体等）来确定几何参数和约束的一套建模方法，宏观层面可以总结出参数化建模的如下几个特点：

参数化对象是有专业性或行业性的，例如门、窗、墙等，而不是纯粹的几何图元；（因此基于几何元素的 CAD 系统可以为所有行业所用，而参数化系统只能为某个专业或行业所用）。

这些参数化对象（在这里就是建筑对象）的参数是由行业知识（Domain Knowledge）来驱动的。例如，门窗必须放在墙里面，钢筋必须放在混凝土里面，梁必须要有支撑等。

行业知识表现为建筑对象的行为，即建筑对象对内部或外部刺激的反应，如层高变化楼梯的踏步数量自动变化等。

参数化对象对行业知识广度和深度的反应模仿能力决定了参数化对象的智能化程度，也就是参数化建模系统的参数化程度。

微观层面，参数化模型系统应该具备以下特点。

可以通过用户界面（而不是像传统 CAD 系统那样必须通过 API 编程接口）创建形体及对几何对象定义和附加参数关系和约束，创建的形体可以通过改变用户定义的参数值和参数关系进行处理。

用户可以在系统中对不同的参数化对象（如一堵墙和一扇窗）之间施加约束。

对象中的参数是显式的，这样某个对象中的一个参数可以用来推导其他空间上相关的对象的参数。

施加的约束能够被系统自动维护(如两墙相交,一墙移动时,另一墙体需自动缩短或增长以保持与之相交),应该是 3D 实体模型,应该是同时基于对象和特征的。

》》3.BIM 和参数化建模

BIM 是一个创建和管理建筑信息的过程,而这个信息是可以互用和重复使用的。BIM 系统应该有以下几个特点:①基于对象的;使用三维实体几何造型;具有基于专业知识的规则和程序;使用一个集成和中央的数据仓库。②从理论上说,BIM 和参数化并没有必然联系,不用参数化建模也可以实现 BIM,但从系统实现的复杂性、操作的易用性、处理速度的可行性、软硬件技术的支持性等几个角度综合考虑,就目前的技术水平和能力来看,参数化建模是 BIM 得以真正成为生产力的不可或缺的基础。

(四)BIM 和 CAE

简单地讲,CAE 就是国内同行常说的工程分析、计算、模拟、优化等软件,这些软件是项目设计团队决策信息的主要提供者。CAE 的历史比 CAD 早,当然更比 BIM 早,电脑的最早期应用事实上是从 CAE 开始的,包括历史上第一台用于计算炮弹弹道的 ENIAC 计算机,干的工作就是 CAE。

CAE 涵盖的领域包括以下几个方面:①使用有限元法,进行应力分析,如结构分析等。②使用计算流体动力学进行热和流体的流动分析,如风结构的相互作用等。③运动学,如建筑物爆破倾倒历时分析等。④过程模拟分析,如日照、人员疏散等。⑤产品或过程优化,如施工计划优化等。⑥机械事件仿真。

一个 CAE 系统通常由前处理、求解器和后处理三个部分组成。

》》1.前处理

根据设计方案定义用于某种分析、模拟、优化的项目模型和外部环境因素(统称为作用,如荷载、温度等)。

》》2.求解器

计算项目对于上述作用的反应(如变形、应力等)。

>> 3.后处理

以可视化技术、数据 CAE 集成等方式把计算结果呈现给项目团队,作为调整、优化设计方案的依据。

目前大多数情况下,CAD 作为主要设计工具,CAD 图形本身没有或极少包含各类 CAE 系统所需要的项目模型非几何信息(如材料的物理、力学性能)和外部作用信息,在能够进行计算以前,项目团队必须参照 CAD 图形使用 CAE 系统的前处理功能重新建立 CAE 需要的计算模型和外部作用;在计算完成以后,需要人工根据计算结果用 CAD 调整设计,然后再进行下一次计算。

由于上述过程工作量大、成本过高且容易出错,因此大部分 CAE 系统只好被用来对已经确定的设计方案的一种事后计算,然后根据计算结果配备相应的建筑、结构和机电系统,至于这个设计方案的各项指标是否达到了最优效果,反而较少有人关心。也就是说,CAE 作为决策依据的根本作用并没有得到很好发挥。

由于 BIM 包含了一个项目完整的几何、物理、性能等信息,CAE 可以在项目发展的任何阶段从 BIM 模型中自动抽取各种分析、模拟、优化所需要的数据进行计算,这样项目团队根据计算结果对项目设计方案调整以后又立即可以对新方案进行计算,直到满意的设计方案产生为止。

因此可以说,正是 BIM 的应用给 CAE 带来了第二个春天(电脑的发明是 CAE 的第一个春天),让 CAE 回归了真正作为项目设计方案决策依据的角色。

(五)BIM 和 GIS

在 GIS(地理信息系统)及其以此为基础发展起来的领域,有三个流行名词跟现在要谈的这个话题有关:GIS,用起来不错;数字城市,听上去很美;智慧地球,离现实太远。

不管如何反应,这样的方向还是基本认可的,而且在保证人身独立、自由、安全不受侵害的情况下,甚至还是有些向往的。至少现在出门查行车路线、聚会找饮食娱乐场所、购物了解产品性能销售网点等事情做起来的方便程度是以前不敢想象的吧。

大家知道,任何技术归根结底都是为人类服务的,人类基本上就两种生存状态:不是在房子里,就是在去房子的路上。抛开精确的定义,用最简单的概念进行划分,GIS 是管房子外面的(道路、燃气、电力、通信、供水),BIM(建筑信息模型)是管房子里面的(建筑、结构、机电)。

CAD 不是用来"管"的,而是用来"画"的,既能画房子外面的,也能画房子里面的。

技术是为人类服务的,人类是生活在地球上一个一个具体的位置上的(就是去了月球也还是与位置有关),按照 GIS 的这个定义,GIS 应该是房子外面房子里面都能管的,至少 GIS 自己具有这样的远大理想。

但是在 BIM 出现以前,GIS 始终只能待在房子外面,因为房子里面的信息是没有的。BIM 的应用让这个局面有了根本性的改变,而且这个改变的影响是双向的。

对 GIS 而言:由于 CAD 时代不能提供房子里面的信息,因此把房子画成一个实心的盒子天经地义。

对 BIM 而言:房子是在已有的自然环境和人为环境中建设的,新建的房子需要考虑与周围环境和已有建筑物的互相影响,不能只管房子里面的事情,而这些房子外面的信息 GIS 系统里面早已经存在了,BIM 应该如何利用这些 GIS 信息避免重复工作,从而建设和谐新房。

BIM 和 GIS 的集成和融合能给人类带来的价值将是巨大的,方向也是明确的。但是从实现方法来看,无论在技术上还是管理上都还有许多需要讨论和解决的困难和挑战,至少有一点是明确的,简单地在 GIS 系统中使用 BIM 模型或者反之,目前都还不是解决问题的办法。

二、BIM 评价体系

同样一件事情,对 BIM 来说,难度就要大得多。事实上,目前有不少关于某个软件产品是不是 BIM 软件、某个项目的做法属不属于 BIM 范畴的争论和探讨一直在发生和继续着。那么如何判断一个产品或者项目是否可以称得上是一个 BIM 产品或者 BIM 项目,如果两个产品或项目比较起来,哪一个的 BIM 程度更高或能力更强呢?

美国国家 BIM 标准提供了一套以项目生命周期信息交换和使用为核心的可以量化的 BIM 评价体系,叫做 BIM 能力成熟度模型(BIM capability maturity model,BIMCMM),以下是该 BIM 评价体系的主要内容。

(一)BIM 评价指标

BIM 评价体系选择了下列十一个要素作为评价 BIM 能力成熟度的指标:①数据丰富性(data richness)。②生命周期(lifecycle views)。③变更管理(change management。④角色或专业(roles or disciplines)。⑤业务流程(business process)。⑥及时性/响应(timeliness/response)。⑦提交方法(delivery method)。⑧图形信息(graphic information)。⑨空间能力(spatial capability)。⑩信息准确度(information accuracy)。⑪互用性/IFC 支持(interoperability/IFC support)。

(二)BIM 指标成熟度

BIM 为每一个评价指标设定了 10 级成熟度,其中 1 级为最不成熟,10 级为最成熟。例如第 8 个评价指标"图形信息"的 1～10 级成熟度的描述如下:

1 级:纯粹文字。

2 级:2D 非标准。

3 级:2D 标准非智能。

4 级:2D 标准智能设计图。

5 级:2D 标准智能竣工图。

6 级:2D 标准智能实时。

7 级:3D 智能。

8 级:3D 智能实时。

9 级:4D 加入时间。

10 级:5D 加入时间成本。

第二章　BIM 技术在施工阶段的应用

第一节　基于 BIM 技术的建筑施工场地布置

建设工程项目施工准备阶段,施工单位需要编写施工组织设计。施工组织设计主要包括工程概况、施工部署及施工方案、施工进度计划、施工平面布置图和主要技术经济指标等内容。

其中,施工场地布置是项目施工的前提,合理的布置方案能够在项目开始之初,从源头减少安全隐患,方便后续施工管理,降低成本,提高项目效益。近年中国建筑统计年鉴数据表明,建筑单位的利润仅占建筑成本的 3%~4%,如果能从场地布置入手,不仅能给施工单位带来直观的经济效益,且同时能加快进度,最终达到施工方与其他参与各方共赢的结果。随着我国经济的不断发展,各种新技术新工艺等不断涌现,建设项目规模不断扩大,形式日益复杂,对施工项目管理的水平也提出了更高的要求。所以施工场地布置迫切需要得到重视。

一、场地布置概述

施工平面布置图是施工方案及施工进度计划在空间上的全面安排。它把投入的各种资源、材料、构件、机械、道路、水电供应网络、生产、生活活动场地及各种临时工程设施合理地布置在施工现场,使整个现场有组织地进行文明施工。

(一)场地布置原则

①保证施工现场交通畅通,运输方便,减少全部工程的运输量。②大宗建筑材料、半成品、重型设备和构件的卸车储存,应尽可能靠近使用安装地点,减少二次搬运。③尽量提前修好可加以利用的正式工程、正式道路、铁路和管线,为施工建设服务。④根据投产或使用的先后次序,错开各单位工程开工竣工时间,尽量避免施工高峰;避免多个工种在同一场地、同一区域而相互牵制、相互干扰。⑤重复使用场地,节约施工用地,减少临时道路、管线工程量,节省临时性建设的资金。⑥符合有关劳动保护、安全生产、防火、防污染等条例的规定和要求。⑦慎重选择

工人临时住所,应尽可能和施工现场隔开,但要注意距离适当,减少工人上下班途中的往返时间,避免无代价的体力消耗。

(二)场地布置要点

≫ 1.起重设施布置

井架、门架等固定式垂直运输设备的布置,要结合建筑物的平面形状、高度、材料及构件的重量,考虑机械的负荷能力和服务范围,做到便于运送、缩短运距。

塔式起重机的布置要结合建筑物的形状及四周的场地情况进行布置。起重高度、幅度及重量要满足要求,使材料和构件可达建筑物的任何使用地点。

履带式和轮胎式起重机的行驶路线要考虑吊装顺序、构件重量、建筑物的平面形状、高度、堆放场位置及吊装方法等。

≫ 2.搅拌站、加工厂、仓库、材料、构件堆场的布置

它们要尽量靠近使用地点或在起重机起重能力范围内,运输、装卸要方便。

搅拌站要与砂、石堆场及水泥库一起考虑,既要靠近,又要便于大宗材料的运输装卸。木材棚、钢筋棚和水电加工棚可离建筑物稍远。

仓库、堆场的布置,应进行计算,能适应各个施工阶段的需要。按照材料使用的先后,同一场地可以供多种材料或构件堆放。易燃、易爆品的仓库位置,必须遵守防火、防爆安全距离的要求。

构件重量大的,要在起重机臂下,构件重量小的,可离起重机稍远。

≫ 3.运输道路的布置

应按材料和构件运输的需要,沿着仓库和堆场进行布置,使之畅行无阻。宽度要符合规定,单行道大于 3～3.5 m,双行道大于 5.5～6 m。路基要经过设计,拐弯半径要满足运输要求,要结合地形在道路两侧设排水沟。总的来说,现场应尽量设环形路,在易燃品附近也要设置进出容易的道路。

≫ 4.行政管理、文化、生活、福利等临时设施的布置

应该使用方便,不妨碍施工,符合防火、安全的要求,一般建在工地出入口附近。尽量利用已有设施或正式工程,必须修建时要经过计算确定面积。

▶▶ 5.供水设施的布置

临时供水首先要经过计算、设计,然后进行设置。高层建筑施工用水要设置蓄水池和加压泵,以满足高处用水要求。管线布置应使线路总长度小,消防管和生产、生活用水管可以合并设置。

▶▶ 6.临时供电设施的布置

临时供电设计,包括用电量计算、电源选择、电力系统选择和配置。变压器离地应大于 30 cm,在 2 m 以外四周用高度大于 1.7 m 铁丝网围住以保安全,但不要布置在交通要道口处。

(三)传统场地布置方法存在的问题

目前,大多数工程项目都是以二维施工平面布置图的形式展示施工场地布置。但是随着项目复杂程度的增加,这种方式存在由于设计规范考虑不周全带来的绘制慢、不直观、调整多,空间规划不合理、利用率低等问题。主要体现在:①向领导汇报或者做技术交底时,表达不直观。②施工平面布置图是技术标必须包含的内容,二维平面布置图投标无亮点。③施工场地布置应随施工进度推进呈动态变化,然而传统的场地布置方法没有紧密结合施工现场动态变化的需要,尤其是对施工过程中可能产生的安全冲突问题考虑欠缺。④二维设计条件下,要实现对场地进行不同布置方案设计,需要进行大量的作图工作,费时费力,导致施工单位不愿意进行多方案比选。

相比而言,BIM 三维场地布置可以有效解决以上问题。通过 BIM 软件布置出的施工场地布置三维模型,可以为施工前期的场地布置提供有效的方案选择,大大提高施工场地的利用率。其中包括板房、围墙、大门、加工棚及提前在建模端建立完成的工程三维模型等。

二、BIM 三维场地布置应用

目前市场上存在多款可以有效进行施工场地布置的 BIM 软件,施工单位可以根据具体工程需要进行选择。BIM 三维场地布置软件具有以下显著特点:第一,软件内含丰富的施工常用图例模块,如地形图、地坪道路、围墙大门、临时用房、运输设施、脚手架、塔吊、临时设施等,输入构件的相关参数后,拖曳鼠标即可绘制成图,并可帮助工程技术人员快速、准确、美观地绘制施工现场平面布置图,并计算出工程量,对前期的措施费计算、材料采购、结算提供依据,避免利润流失。

第二,可以模拟脚手架排布、砌块排布,输出排列详图。BIM 场地布置软件可以模拟脚手架排布、砌块排布,指导现场实际施工。

第三,基于 BIM 三维模型及搭建的各种临时设施,可以对施工场地进行布置,合理安排塔吊、库房、加工场地和生活区等的位置,解决现场施工场地划分问题;通过与业主的可视化沟通协调,对施工场地进行优化,选择最优施工路线;通过软件进行三维多角度审视,设置漫游路线,形象生动,避免表达不直观问题,并输出平面布置图、施工详图、三维效果图。

第四,运用 BIM 快速建模和 IFC 标准数据下的信息共享特点,能够达到一次建模,多次使用,快速进行不同阶段的场地布局方案设计,大量节省时间、精力等,为进行施工全过程考量提供可能。解决二维设计条件下,实现场地布置方案设计费时费力,导致施工单位不愿意进行多方案比选的问题。

第五,软件内置施工规范和消防、安全文明施工、绿色施工、环卫标准等规范,并嵌入丰富的现场经验,为使用者提供更多的参考依据。如依据安全文明施工检查标准,通过对施工场地平面布置内容进行识别,将此数据库和 BIM 场地布置软件结合,进行合理性检查。

第二节　基于 BIM 技术的施工进度管理

一、施工进度管理概述

工程项目进度管理,是指全面分析工程项目的目标、各项工作内容、工作程序、持续时间和逻辑关系,力求拟定具体可行、经济合理的计划,并在计划实施过程中,通过采取各种有效的组织、指挥、协调和控制等措施,确保预定进度目标实现。一般情况下,工程项目进度管理的内容主要包括进度计划和进度控制两大部分。工程项目进度计划的主要方式是依据工程项目的目标,结合工程所处特定环境,通过工程分解、作业时间估计和工序逻辑关系建立第一系列步骤,形成符合工程目标要求和实际约束的工程项目计划排程方案;工程项目进度控制的主要方式是通过收集进度实际进展情况,与基准进度计划进行对比分析、发现偏差并及时采取应对措施,确保工程项目总体进度目标的实现。

施工进度管理属于工程项目进度管理的一部分,只是根据施工合同规定的工期等要求编制工程项目施工进度计划,并以此作为管理的依据,对施工的全过程持续检查、对比、分析,及时发现施工过程中出现的偏差,有针对性地采取有效应对措施,调整工程建设施工作业安排,排除干扰,保证工期目标实现的全部活动。

二、BIM 进度管理实施途径

根据项目的特点和 BIM 软件所能提供的应用,明确项目过程中 BIM 实施的途径和框架。

在项目建设过程中,影响施工进度的因素众多,如工人的工作效率、管理水平、图纸问题、施工质量等。通过引入 BIM 技术,利用 BIM 可视化、参数化等特点来降低各项负面因素对施工进度的影响。一方面提升进度管理水平和现场的工作效率,另一方面可以最大限度地避免进度拖延事件的发生,减少工程延误造成的损失。因此,在项目实施前,需要规划 BIM 施工进度管理的实施框架,明确 BIM 在进度管理方面的应用。

BIM 施工进度管理实施框架包括 BIM 项目实施和应用两部分内容。BIM 实施框架从 BIM 规划、组织、实施流程及基础保障等方面规范了各方的工作内容及需要达到的目标。

三、BIM 进度管理实施流程及方法

基于 BIM 的工程项目施工进度管理是指施工单位以建设单位要求的工期为目标,进行工程分解、计划编制、跟踪记录、分析纠偏等工作。同时,项目的所有参与方都能在 BIM 提供的统一平台上协同工作,进行工程项目施工进度计划的编制与控制。基于 BIM 的 4D 施工模拟能够直观地表现工程项目的时序变化情况,使管理人员摆脱对复杂抽象的图形、表格和文字等二维元素的依赖,有利于各阶段、各专业相关人员的沟通和交流,减少建设项目因为信息过载或者流失而带来的损失,提高建筑从业人员的工作效率及整个建筑业的效率。

(一)基于 BIM 的进度计划编制

传统的进度管理对施工现场准备工作缺少重视,绝大多数进度计划中并没有详细分解施工准备所包含的工作,多数情况只定义了总的准备时间。由于这部分进度计划较为粗略,并不能达到控制的要求,而这些工作实际影响着工程是否能够按时开工、按期竣工,对工程进度能否按照进度计划完成有着重要影响,并且合理地缩短施工现场准备时间,也能为施工单位带来一定的经济效益。在施工过程中,为了完成工程实体的建设,除了进行一些实体工作,还需要很多非实体的工作。非实体工作是指在施工过程中不形成工程实体,但是在施工过程中又必不可少的工作,如施工现场的准备、大型机械安拆、脚手架搭拆等临时性、措施性工作。

基于 BIM 的进度计划编制,并不是完全摆脱传统的进度编制程序和方法,而是研究如何把 BIM 技术应用到进度计划编制工作中,进而改善传统的进度计划编制工作,更好地为进度计划编制人员服务。传统的进度计划编制工作流程主要包括工作分解结构的建立、工期的估算及工作逻辑关系的安排等步骤。基于 BIM 的进度计划编制工作一方面也应该包括这些内容,只是有些工作由于有了 BIM 技术及相关软件的辅助变得相对容易;另一方面,新技术的应用也会对原有的工作流程和工作内容带来变革。基于 BIM 的制定进度计划的第一步就是要建立 WBS 工作分解结构,以往计划编制人员只能手工完成这些工作,现在则可以用相关的 BIM 软件或系统完成。利用 BIM 软件编制进度计划与传统的方法最大的区别在于 WBS 分解完成后需要将 WBS 作业进度、资源等信息与BIM 模型图元信息进行链接,其中关键的环节是数据的集成。BIM 技术的应用使得进度计划的编制更加科学合理,减少进度计划中存在的潜在问题,保证现场施工的合理安排。

(二)基于 BIM 的进度计划优化

基于 BIM 的进度计划优化包含两方面内容:一是在传统优化方法基础上结合 BIM 技术对进度计划进行优化;二是应用 BIM 技术进行虚拟建造、施工方案比选、临时设施规划。利用 BIM 优化进度计划不仅可以实现对进度计划的直接或间接深度优化,而且还能找出施工过程中可能存在的问题,保证优化后进度计划够有效实施。

(三)基于 BIM 的施工进度控制

传统的进度控制方法主要是利用收集到的进度数据进行计算,并以二维的形式展示计算结果,在需要对原来的进度计划进行调整时,也只能根据进度数据及工程经验进行调整,重新安排相关工作,采取相应的进度控制措施,而对于调整后的进度计划在实施过程中是否存在其他的问题无法提前知晓,只有遇到具体问题时,再进行管理控制。而利用 BIM 技术则可以对调整后的进度计划进行可视化的模拟,分析调整方案是否科学合理。基于 BIM 的进度控制,可以结合传统的进度控制方法,以 BIM 技术特有的可视化动态模拟分析的优势,对工程进度进行全方位精细化的控制,是进度控制技术的革新。

基于 BIM 的进度跟踪分析控制可以实现实时分析、参数化表达及协同控制。基于 BIM 的 4D 施工进度跟踪与控制系统,可以在整个建筑项目实施过程中利用进度管理信息平台实现异地办公,信息共享,将决策信息的传递次数降到最低,保证施工管理人员所做的决定立即执行,提高现场施工效率。

基于 BIM 的施工进度跟踪分析控制主要包括两方面工作:①项目施工前在施工现场和项目管理办公场所建立一个可以即时互动交流沟通的进度信息采集平台,该平台主要支持现场监控、实时记录、动态更新实际进度等进度信息的采集工作;②利用该进度信息采集平台提供的数据和 BIM 施工进度计划模型进行跟踪分析与调整控制。

第三节　基于 BIM 技术的施工质量安全管理

一、施工质量安全管理概述

在施工过程中,建筑工程项目受不可控因素影响较多,容易产生质量安全问题。施工过程中的质量安全控制尤为重要。BIM 技术在工程项目质量安全管理中的应用目标可以细分为以下三个等级:1 级目标为较成熟也较易于实现的 BIM 应用;2 级目标涉及的应用内容较多,需要多种 BIM 软件相互配合来实现;3 级目标需要较大的软件投入(涉及 BIM 技术的二次开发过程)和硬件投入,需要较深入地研究和探索才能实现。

二、施工质量安全管理的 BIM 模型构成

(一)建模依据

>> 1.依据图纸和文件进行建模

用于质量安全建模的图纸和文件包括:图纸和设计类文件、总体进度计划文件、当地的规范和标准类文件(其他的特定要求)、专项施工方案、技术交底方案、设计交底方案、危险源辨识计划、施工安全策划书。

>> 2.依据变更文件进行建模(模型更新)

用于质量安全建模的变更文件包括:设计变更通知单和变更图纸、当地的规范和标准类文件及其他的特定要求。

(二)质量管理数据输入要求

从上游获取的质量管理数据如表 2-1 所示。

表 2-1 从上游获取的质量管理数据列表

数据的类别	数据的名称	数据的格式
施工准备阶段的数据	各参与单位的资质资料	文本和图像
	各参与单位的项目负责人资料	
	地质勘察报告	
	设计图纸	文本
施工依据数据	设计图纸	文本
	深化设计图纸	
	设计变更图纸	
	BIM 数据	格式化的数据
施工计划数据	施工进度计划	格式化的数据
	材料进场计划	
	资金使用计划	

(三)安全管理数据输入要求

从上游获取的安全管理数据如表 2 - 2 所示。

表 2 - 2　从上游获取的安全管理数据列表

数据的类别	数据的名称	数据的格式
建筑物的信息	工程概况和建筑材料种类	文本
施工组织资料	施工组织设计	文本
	施工平面布置图	
	施工机械的种类	格式化的数据
	施工进度计划	
	劳动力组织计划	
施工技术资料	施工方案和技术交底	文本
BIM 数据	BIM 数据	格式化的数据

三、质量安全管理典型 BIM 应用

(一)图纸会审管理 BIM 应用

在质量管理工作中,图纸会审是最为常用的一种施工质量预控手段。图纸会审是指:施工方在收到施工图设计文件后,在进行设计交底前,对施工图设计文件进行全面而细致的熟悉和审核工作。图纸会审的基本目的是:将图纸中可能引发质量问题的设计错误、设计问题在施工开始前就予以暴露、发觉,以便及时进行变更和优化,确保工程项目的施工质量。

BIM 模型的虚拟建造过程将原本在施工过程中才能够发觉的图纸问题,在建模过程中就能够得以暴露,可以显著提升图纸会审工作的质量和效率。同时,采用 BIM 技术,建模过程中结合技术人员、施工人员的施工经验,可以很容易地发现施工难度大的区域,在提前做好相应的策划工作的同时,彻底改变了传统工作模式下"干到哪里看哪里"的弊端。在 BIM 模型完成后,借助碰撞检测和虚拟漫游功能,工程项目的各参与方可以对工程项目中不符合规范要求,在空间中存在的错漏碰缺问题及设计不合理的区域进行整体的审核、协商、变更。在提升图纸会审工作的质量和效率的同时,显著降低了各参与方之间的沟通难度。

(二)专项施工方案模拟及优化管理 BIM 应用

现代工程项目在施工过程中涉及大量的新材料和新工艺。这些新材料和新工艺的施工步骤、施工工序往往不为技术人员、施工人员所熟知。传统工作模式下,大多依据一系列二维的图纸(平、立、剖面图)结合文字进行专项施工方案的编制,增加了技术人员、施工人员对新材料和新工艺的理解难度。

基于 BIM 技术对专项施工方案进行模拟,可以将各施工步骤、施工工序之间的逻辑关系直观地加以展示,同时再配合简单的文字描述。这在降低技术人员、施工人员理解难度的同时,能够进一步确保专项施工方案的可实施性。

(三)3D 和 4D 技术交底管理 BIM 应用

技术交底可以使一线的技术人员、施工人员对工程项目的技术要求、质量要求、安全要求、施工方法等方面有一个细致的理解。便于科学的组织施工,避免技术质量事故的发生。传统工作模式下,大多依据一系列二维的图纸(平、立、剖面图)结合文字进行技术交底。同时,由于技术交底内容晦涩难懂,增加了技术人员、施工人员对技术交底内容的理解难度。造成技术交底不彻底,在施工过程中无法达到预期的效果。采用 BIM 技术进行技术交底,可以将各施工步骤、施工工序之间的逻辑关系、现场危险源等直观地加以展示,同时再配合简单的文字描述,这不仅降低了技术人员、施工人员理解难度,而且也能够进一步确保技术交底的可实施性。

(四)竣工及验收管理 BIM 应用

质量管理工作是整个工程项目管理工作中的重中之重。同传统工作模式相比,采用 BIM 技术的质量管理的显著优势在于:BIM 技术可以对实际的施工过程进行模拟,并对施工过程中涉及的海量施工信息进行存储和管理。同时,BIM 技术可以作为施工现场质量校核的依据。此外,将 BIM 技术同其他硬件系统相结合(如三维激光扫描仪),可以对施工现场进行实测实量分析,对潜在的质量问题进行及时的监控和解决。

四、基于 BIM 的质量安全管理流程

传统的质量管理主要依靠的建设、管理人员对施工图纸的熟悉及依靠经验判

断施工手段合理性来实现,对于质量管理要点的传递、现场实体检查等方面都有一定的局限性。采用 BIM 技术可以在技术交底、现场实体检查、现场资料填写、样板引路方面进行应用,帮助提高质量管理方面的效率和有效性。

BIM 在施工质量安全管理的成果表达主要通过可视化模型和关联数据库,在实施过程中应注意以下几个方面。

(一)模型与动画辅助技术交底

针对比较复杂的建筑构件或者难以用二维表达的施工部位建立 BIM 模型,将模型图片加入技术交底书面资料中,便于分包方及施工班组的理解;同时,在技术交底协调会上,将重要工序、质量检查重要部位及现场危险源等利用电脑上进行模拟交底和动画模拟,直观地讨论和确定质量与安全保证的相关措施,实现交底内容的无缝传递。

(二)现场模型对比与资料填写

通过 BIM360 或者鲁班 BIM 等软件,将 BIM 模型导入 IPAD、手机等移动终端设备,让现场管理人员利用模型进行现场工作的布置和实体的对比,直观快速地发现现场质量与安全问题,并将发现的问题拍摄后直接在移动设备上记录整改问题,将照片与问题汇总后生成整改通知单下发,确保问题的及时处理,从而加强对施工过程的质量和安全管理。

(三)动态样板引路

将 BIM 融入样板引路中,打破传统在现场占用大片空间进行工序展示的单一做法,在现场布置若干个触摸式显示屏,将施工重要样板做法、质量安全管控要点、施工模拟动画、现场平面布置等进行动态展示,将施工 BIM 模型对项目管理人员进行施工模拟交底,确保现场按照 BIM 模型执行,为施工质量安全管控提供依据。

五、基于 BIM 的施工现场质量安全隐患的快速处置

以 BIM 模型为基础,将 RFID、移动设备等为施工现场实时信息采集的工具,两者信息整合分析对比,实现对施工现场质量安全隐患进行动态实时的管理和快

速处置,主要包括两方面:一方面是人员、机械等的实时定位信息在 BIM 模型中的可视化,另一方面是相关建筑构件等属性状态的实时信息与 BIM 信息数据库中安全规则信息对比反馈,通过现场监控中心可及时地对隐患信息有个直观的认识,及时发出警告并通知施工现场相关人员及时进行事故隐患的处理,以达到减少或预防工程事故的发生。

施工现场质量安全隐患快速处置的相关人员包括项目经理、监理工程师、质检员、专职安全员及施工作业人员,其职责分工如表 2-3 所示。

表 2-3 系统涉及使用主体及相关职责分析表

使用主体角色	主要职责描述
项目经理	统筹整个项目发展,安全管理第一负责人,质量安全管理方面负全面责任;总体领导与协调,执行各项安全政策与措施,落实隐患整改;实行重大危险源动态监控、随时跟踪掌握危险源情况;强化重点部位专项整治,重点部位和重点环节要重点检查和治理;及时查看处理系统推送的资讯
监理工程师	加强提高自身质量安全管理素质;审查施工组织设计中专项施工方案安全技术措施等;监督施工单位对涉及结构安全的试块、试件及有关材料按规定进行现场取样并送检;总监理工程师根据旁站监理方案安排监理人员在关键部位或关键工序施工过程中实施旁站监理,有针对性地进行检查,消除可能发生的质量安全隐患;进行巡视、旁站和平行检查时,发现质量安全隐患时及时要求施工。进行整改或停止施工,并及时采集相关信息并推送至系统
质检员	负责落实三检制度(自检、互检、专检),对产品实行现场跟踪检查对不符合质量要求的施工作业,有权要求整改、停工,并采集信息做好完整准确的资料保存;负责工程各工序、隐蔽工程的施工过程、施工质量的图像资料记录保存上传;质量事故分析总结,参与制定纠正预防措施,负责检查执行
专职安全员	重点检查施工机械设备、危险部位防护工作;发现安全隐患及时提出整改措施;重大危险源管理方案重点跟踪监测;对工程发生的安全问题及时汇总分析,提出改进意见;协助调查、分析、处理工程事故,及时采集信息存储报备
施工作业人员	严格遵守操作规程、施工管理方案的要求作业;一旦发现事故隐患或不安全因素,及时汇报消息并采取措施整改;接收到警告提醒及时离开不安全区域或及时采取措施整改

施工现场质量安全隐患的快速处置主要涉及两类事件:一是对于施工现场质量安全隐患或事故信息的及时采集;二是工程事故信息通知警报。其中,基于信

息采集末端的工程质量安全隐患排查与处理及工程事故处理流程是在传统流程的基础上增加移动设备进行拍照或信息采集并上传 BIM 数据库的步骤,在实现与 BIM 模型同步的数据收集同时,可及时推送相关责任人,及时进行隐患处理;一旦发生事故,迅速发出警告提醒,确保事故处理的及时性。

第四节　基于 BIM 的成本管理

一、施工成本管理概述

成本管理除施工相关信息外,更多的是付诸计算规则(工程量清单、定额、钢筋平法等)、材料、工程量、成本等成本类信息,因此 BIM 造价模型创建者和使用者需要掌握国家相关计量计价规范、施工规范等。成本管理 BIM 应用实施根据成本管理工作的性质和软件系统的设置分为计量功能、计价功能、核算功能、数据统计与分析功能、报表管理功能、BIM 平台协作系统功能,BIM 成本管理应用可能范围如下。

(一)计量

BIM 软件根据模型中构件的属性和设置的工程量计算规则,可快速计算选定构件或工程的工程量,形成工程量清单,对单位工程项目定额、人、材、机等资源指标输出,是成本管理的基本功能。

(二)计价

目前有两种实现模式:一是将 BIM 模型与造价功能相关联,通过框图或对构件的选择快速计算工程造价;二是 BIM 软件内置造价功能,模型和造价相关联。计价模块也可对造价数据进行分类分析输出,同时根据造价信息反查到模型,及时发现成本管理中出现偏差的构件或工程。

(三)核算

随着工程进度将施工模型和相应成本资料进行实时核算,辅助完成进度款的申请、材料及其他供应商或分包商工程款的核算与审核,实现基于模型的过程成本计算,具备成本核算的功能。

(四)数据统计与分析

工程成本数据的实时更新和相关工程成本数据的整理归档,可作为 BIM 模型的数据库,实现企业和项目部信息的对称,并对合约模型、目标模型、施工模型等进行实时的对比分析,及时发现成本管理存在的问题并纠偏,实现对成本的动态管理。

(五)报表管理

作为成本管理辅助功能,一方面实现承包商工程进度款申报、工程变更单等书面材料的电子化编辑输出,另一方面将成本静态及动态控制、成本分析数据等信息以报表的形式供项目部阅览和研究。

(六)BIM 平台协作

与 BIM 数据库相联,实现对工程数据的快速调用、查阅和分析;对成本管理 BIM 应用功能综合应用,实现项目部和有关权限人员数据共享与协调工作,促进传统成本管理工作的信息化、自动化。

二、基于 BIM 的投标阶段成本管理

投标阶段成本管理工作界面从投标决策开始,到签订合同结束,主要由施工企业层负责实施。基于 BIM 的成本管理在投标阶段主要有投标决策、投标策划、BIM 建模、模型分析、编制投标文件、投标、签订合同工作。其中,BIM 建模和模型分析为新增工作,投标策划、投标决策支持、编制投标文件及签订合同为 BIM 改善型工作。投标阶段的主要工作是编制投标文件,通过建立 BIM 模型,可较好地辅助商务标与技术标的编制与优化。

(一)模型创建

投标模型是承包商参与工程项目的第一个模型,也是后期模型转化的基础。投标模型的形成有两种途径:一是根据施工图纸由各专业工程师完成各专业建模,并由 BIM 工程师整合形成基础模型,然后造价工程师将其深化到自身需求的

程度,同时对成本信息补充;二是由甲方模型进行转化并由 BIM 工程师审核后由造价工程师将其转化了初步投标模型,初步的投标模型是后续模型基础。由于目前施工仍以施工图为主导,各方建模习惯和思维会导致模型的差异,因此目前采用第一种方式居多,而模型的转化方式和规则也会因为采用不同的软件也不同。通过各专业软件 BIM 模型的共享,土建、钢筋和安装不必重复建模,避免数据的重复录入,加强各专业的交流、协同和融合,提高建模效率,把节省的人力和时间投入到投标文件的编制中。

(二)编制商务标

BIM 模型通过项目基础数据库自动拆分和统计不同构件及部门所需数据,并自动分析各专业工程人、材、机数量,快速计算造价工程师所需各区域、各阶段的工程价款:①说明各子目在成本中的重要性比例;②对暂估价及不确定性的模拟优化可预测,为投标决策提供依据。BIM 模型中各构件可被赋予时间信息,结合BIM 的自动化算量、计价功能及 BIM 数据库中人工、材料、机械等相关费率,管理者就可以拆分出任意时间段可能发生费用。

综上,在工程计价方面 BIM 造价同传统造价的差异可总结为将基于表格的造价转变为基于模型构件的造价,将静态的价格数据转变为动态的市场价格数据,此种工作方式和工作思维的转变也成为动态管理和精细化管理的基础。

(三)编制技术标

利用 BIM 软件将整合的模型和技术标项目的书面信息相关联,并将这些书面文件形象化展示。由于 BIM 模型较为形象,细致表现建筑物不同系统(结构、电气、暖通等)构件信息,可直接服务于建筑施工。通过碰撞检查、4D 施工模拟、三维施工指导等方式说明工程存在的问题,对不同系统构件进行冲突分析、施工可行性分析、能耗分析等。通过信息化手段将自身的技术手段形象化展现于评标专家的面前,提高技术标分数,提升项目中标概率。

BIM 投标模式的推广能够促进各承包商提高自身技术手段,改变传统低价中标、利润靠索赔的盈利方式。BIM 软件对于技术标的主要 BIM 应用有项目可视化展示、碰撞检测、施工模拟、安全文明施工等。

(四)投标文件优化

投标文件的优化是在商务标编制和技术标编制后,将两者相联系:①根据编制过程中的问题实施自身的报价策略;②实现商务标和技术标的平衡,形成经济合理的项目报价。优化取决于信息、复杂程度和时间三个要素:BIM 模型提供了建筑物几何、物理等准确信息;复杂程度是工程施工及方案的难度,通过模拟和工程数据库确定施工方案同成本的平衡;时间是由于投标时间紧张,要在建设单位规定时间内完成有效合理的投标文件。

BIM 应用对报价策略的实施:①BIM 造价软件同基础 BIM 数据库关联,把投标项目同数据库类似项目对比,形成多个清单模型,实现成本对比分析,确定计价的策略和重点;②对在碰撞检测中统计的潜在错误及施工方案的风险,并综合考虑标准定额和企业定额,有针对性地进行投标报价策略的选择;③对成本中各专业、各工程子目、各工程资源自动化、精细化对比分析,为不平衡报价提供辅助,预留项目利润,编制商务标;④通过技术标编制过程中存在的问题,优化施工方案、施工组织,尤其是对施工难度比较大和施工问题比较多的设计施工方案的优化,改进工期和造价,并在施工模拟过程中统计可通过管理降低的工程成本;⑤辅助项目成本风险分析,就是对在本项目中可能影响项目效益的诸因素进行事先分析,对风险项目进行成本与措施的平衡报价,做好相应的风险预防。

三、基于 BIM 的施工准备阶段成本管理

目前施工准备阶段成本管理与施工组织相脱离、资源管理与项目需要相脱离、目标责任不清晰,成本计划不准确,可执行性差,导致成本管理措施无法有效实施。BIM 成本管理的应用以 BIM 流程和相关 BIM 应用为基础,做好成本管理同施工组织相关知识领域的联系,通过目标模型和成本目标责任书明确成本责任,最终使项目和个人的目标成本能够融入项目建设与管理过程中。实质是通过BIM 做好项目策划,在 BIM 辅助下实施施工准备:通过赋予 BIM 模型内各构件时间信息,利用自动化算量功能,输出任意时间段、任一分部分项工程细分其的工程量;基于工程量确认某一分部工程所需的时间和资源;根据 BIM 数据库中的人、材、机价格及统计信息,由项目管理者安排进度、资金、资源等计划,进而合理调配资源,并实时掌控工程成本。具体要做好优化施工组织设计、编制资源供应

计划、明确成本计划与成本责任及分包管理四方面工作。

(一)优化施工组织设计 BIM 应用方法

通过 BIM 软硬件虚拟施工,实现对施工活动中的人、财、物、信息流动的施工环境三维模拟,为施工各参与方提供一种易控制、无破坏、低耗费、无风险且能反复多次的实践方法。实现提高施工水平、消除施工隐患、防止施工事故、减少施工成本及工期、增强施工过程中决策、优化与控制能力的目的。通过 BIM 技术手段减少或避免项目的不必要支出,提高对不可预见费用的控制,增强承包商核心竞争力。

施工方案的优化:①对投标阶段技术标进行深化,注重施工的可行性和经济性,通过 BIM 工程数据库对同类工程项目的特定工序进行多方案的施工对比与施工模拟,从中选择经济合理、切实可行的施工方案;目前在项目基坑开挖、管道综合布局、钢结构拼装、脚手架的搭建与分析等施工方案都可通过 BIM 模型在相应软件中实现优化。②将施工方案所设计的 BIM 模型导入到相关 BIM 应用的模型中,通过对方案的模拟发现其中的难点、不合理的地方及潜在施工风险,并通过对模型和方案的修改研究实现相应的预防解决方案。

施工部署则是利用管理的手段,通过 BIM 实现对施工现场及施工人员的部署。通过在 BIM 中将各建筑物和道路等施工辅助构件进行合理的现场部署,形成合理的施工平面,形成科学合理的场地及施工区域的划分,确保合理的组织运输,并在确保生产生活便利的情况下,尽可能地充分利用现场内的永久性建筑物和临时设施等,进而减少相关费用的支出。此 BIM 应用的实施要点即将平面图中的建筑物与施工过程相结合,确定好施工辅助器具及相关厂房及临时设施的布置,形成在便于施工且无须频繁改变的施工平面布置。

在确保质量、工期前提下,对进度、资源均衡的优化,这种多维、多目标的优化是以精确工程量为基础的,此工程量包括实体工程量和临时性工程量。BIM 环境下通过以下方式实现工程资源和工期的优化:①将实体、临时性、措施性的项目进行建模,通过计算的工程量、工程数据库指标及优化后的施工部署确定施工计划,输出各施工计划内的资源需求量。②将模型构件与施工工序关联,实现工期同工程量及资源数据的关联。③将 BIM 输出的工期、资源数据导入 Project 软件进行工期、资源均衡的优化,确定最优工期和项目施工工序及关键线路。④将施工工序和最优工期输入到 BIM 施工准备模型,重新计算各施工段工程量,并进行施工模拟,输出各工程节点的工程量、成本、资源数据曲线及统计表。⑤将 Project 或

Excel 编制的进度计划导入 BIM 软件的进度计划模块,实现建筑构件与进度数据的关联设置,进行虚拟建造。

(二)编制资源供应计划 BIM 应用方法

基于 BIM 的资源供应计划有两方面的含义:一是在进行资源采购和调配的过程中,随工程进度合理采购和调配工程资源;二是对工程建设项目采取定额领料施工制度。两层含义的实质都是合同性资源采购与调配严格控制资源数量,非合同性资源通过鲁班 BIM 中的材价通软件根据特定材料的实时价格采取采购策略,将采购策略与市场接轨。

BIM 为编制资源计划提供相应的决策数据,相关辅助部门在 BIM 的辅助下做好阶段性所需资源的输入和管理规划。资源供应计划 BIM 应用步骤:①将优化的工期与模型关联并调入造价及下料软件。②输出各阶段工作所需资源统计表,采购部按材料统计表制定采购计划,明确各阶段采购数量、运输计划、检验检测方法及存储方案。③工程部根据人力需求明确各工序人员数量,确定劳务分包及自有劳务人员的生产活动安排,基于 BIM 模拟合理布置工作面和出工计划。④机械设备根据需求合理安排施工生产,对于租赁的机械设备做好相应的调度和进出场时间安排,做好机上人员与辅助生产人员的协调与配合规划。

(三)确定成本计划与成本责任 BIM 应用方法

在成本管理计划的 BIM 应用核心是算量计价,工作核心是制定科学有效的成本计划与资金计划,并且做好成本责任的分配与考核准备工作。

科学有效的成本计划即能够同施工计划、资源计划等相关信息协同工作,实现相对平衡的成本支出与资金供应计划。通过 BIM 模型将成本同其他维度信息相关联,并优化不同信息维度。通过工期—资源优化,利用 BIM 模型输出较为合理的成本计划:①对阶段性工作构件输出工程量及成本,通过在 BIM 模型中呈现相关工作,并将这种临时性的工作成本折算计入实际成本,以综合单价工作包的形式形成成本计划,避免重复的算量计价工作。②施工模型每个工作面及构件形成相应的综合计划成本,并输出各分部项目和人、材、机等生产要素的计划成本。③根据各类成本重要性及指标库所提供的弹性范围确定成本计划的质量和效益指标,确定阶段性成本控制难点和要点,制定针对性成本控制措施。④输出不同类型成本汇总表供施工过程参考对比,形成各部门及其负责人成本控制目标成本。

(四)分包管理 BIM 应用方法

在分包管理过程中,BIM 应用首先要确定合理的分包价格,并进行实时的计量结算:分包价格的确定可通过目标成本模型对分包工程成本进行核算,同 BIM 工程数据库分包项目的对比分析,确定合理的分包价格和工程工期,并以此为标底进行分包项目的招标和分包商的选择;确定分包商后,转化形成分包 BIM 模型,在分包工期与资金的弹性范围做好分包项目实施,同时做好对分包工程计价和工程进度工程款的支付工作。

四、基于 BIM 的施工阶段成本管理

施工阶段成本管理表现为对不同对象、要素工作的全方位、全范围的整合管理。施工阶段 BIM 成本管理依据是成本管理工作任务分工表、各类 BIM 工作流程及项目管理制度。施工阶段随着项目实体由于进度、变更等原因的改变,BIM 模型必须不断更新并与实际施工保持一致。施工过程至少有三种模型:①进行施工协调和方案模拟的模型;②承包商基于目标成本的施工模型;③同甲方进行结算的模型。后两者的区别主要是采用定额和计价价格数据的区别。

施工阶段 BIM 应用同工作活动间的关联性多,BIM 的辅助功能有两点:①通过运用 BIM 软件对施工组织的辅助优化;②对数据的收集与处理,是通过信息化系统对项目实现综合性和实时性掌控。

(一)施工阶段基于 BIM 的承包商成本控制方法

施工阶段将 BIM 应用分为资源消耗量控制和计量结算工作 BIM 应用点分析。控制资源消耗量按工作性质分为间接资源消耗控制与直接资源消耗控制:间接资源消耗控制是通过对方案优化或沟通协调对资源节约控制;直接资源消耗控制是采取措施减少资源用量。

>> 1.间接资源消耗控制 BIM 应用方法

间接资源消耗控制主要对那些同成本管理相关联项目知识维度的控制,包括对进度、施工技术方案等优化和工程协调与信息共享工作:前者通过技术手段减少成本的支出,包括施工可视化、施工方案模拟优化、质量监控、安全管理、模型更

新等工作;后者通过管理手段减免不必要的项目管理工作和由于沟通不畅而造成对实体工作的影响,主要有数据收集与共享、3D 协调等应用。

▶▶ 2. 直接资源消耗控制 BIM 应用方法

直接资源消耗的控制基本思想就是施工精细化管理,核心是理清资源、工程量、价格及资金流对应部门间的逻辑关系,并在施工过程中按资源管理制度严格控制,进而达到控制成本的目的。BIM 资源管理则是根据模型和资源数据库提供完成合格工程的资源量及资源使用方案,精细化的提供建筑构件的资源量。

不同部门资源管理的侧重与管理方式不同,成本合约部门注重对通过工程量实现对资源数量的控制,采购部门负责对资源价格和供应的控制,工程部负责对资源消耗量的控制,财务部门负责资金回收与支出,形成准备—采购供应—消耗—反馈的闭合过程。因此,施工阶段不同部门也应该根据自身工作的侧重运用 BIM 实现对资源的管理控制。

▶▶ 3. 成本合同外工作

BIM 应用成本合同外工作是指对项目建设过程中出现的变更、签证、索赔等对合同条件发生改变的管理工作,这些工作会对工期、工程量、工程款等合同实质性内容发生改变。实施应用体现为通过 BIM 确定合同外工作工程量价并在确认后对施工模型实时更新修改。以工程变更 BIM 应用为例:①通过 BIM 算量计价软件,对变更方案进行空间与成本的模拟,了解变更对进度、成本等的影响,然后选择合理的变更方案;②对于承包商自动检测发生变更的内容并直观地显示成本变更结果,及时计量和结算项目变更工程价款,替代传统繁琐而不准备通过手动对变更的检查计算;③出现索赔事件,通过 BIM 模型及时记录并做好索赔准备,通过计量算价和施工模拟等功能实现对工期、费用索赔的预测,并实施索赔流程。

▶▶ 4. 计量和结算管理 BIM 应用

工程的计量与结算是对资源消耗成本化的过程,是成本控制的核心阶段与工程结算和成本动态控制的基础,体现为不同参与者之间资金的流动。因此此阶段 BIM 实施的核心工作是工程计量与结算,具体有计量工程量、价款结算的核对与统计及相应阶段资金管理。

（1）工程计量 BIM 应用

工程计量是工程参与各方对合同内和合同外工程量的确认，承包商计量工作包括外部对自身工程的计量及自身对分包工程的计量，两工作过程相似。BIM 应用是在对工程量测量后，将测量结果导入到算量模型；对比施工模型、目标模型等不同模型工程量；对存在偏差工程量研究并同建设单位进行确认；在完全确认后通过 BIM 系统完成向造价工程师的信息传输。

（2）工程结算 BIM 应用

工程结算是对实际工程量进行计价，将工程实体转货币化，按照合同约定计量支付周期确认工程量后由造价工程师结算。BIM 实施：①造价工程师以造价资料为依据对投标模型、目标模型和施工模型工程量的属性修改，选择计价区域并自动化计价，对工程造价的快速拆分与汇总，输出工程量报价和工程价款结算清单；②BIM 输出结算周期内的工程款支付申请，经相关审核程序后由财务部同甲方进行进度款支付申请和结算；③建设阶段通过 BIM 系统中模型和支付申请核准工程阶段价款；④根据分包模型及资料进行分包结算，分包结算过程是在分包工程质量合格的基础上准确计量工程量，按分包合同进行进度款的结算与支付；⑤在相应项目结算后将相应的实体、时间和成本在施工模型中更新，并上传至 BIM 系统数据库，完成对成本数据的动态收集；⑥将 BIM 系统通过互联网与企业BIM 系统对接，总部成本部门、财务部门可共享每个工程项目实际成本数据，实现总部与项目部的信息对称，加强总部对项目部成本的监控与管理。

（3）工程资金管理 BIM 应用

BIM 应用要点：①基于模型对阶段工程进度精确计量计价确定资金需求，并根据模型支付信息确定当期应收、应付款项金额；②进行短期或中长期的资金预测，减少资金缺口，确保资金运作；③通过 BIM 系统对各部门具体项目活动进行资金申报与分配的精确管理，财务部门根据工作计划审核各部门资金计划；④通过 BIM 模型实时分析现金收支情况，通过现金流量表实现资金掌控。

（二）施工阶段基于 BIM 的承包商成本分析与考核方法

▶▶ 1. 施工阶段承包商成本分析 BIM 应用方法

成本分析的基础是成本核算，成本核算是在结算的基础上对施工建设某阶段所发生的费用，按性质、发生地点等分类归集、汇总、核算，形成该阶段成本总额及分类别单位成本。BIM 成本分析：①通过 BIM 模型对成本分类核算，并上传至 BIM 系统；②对合同造价、目标成本、实际成本所对应合约模型、目标模型和施工模型多算对比，形成对总价、分部分项、细部子目、总偏差、阶段偏差等方面对比分析输出；从时间、工序、空间三个维度多算对比，及时发现存在问题并纠偏；③通过 BIM 系统成本分析模块，项目参与人员项目任意拆分汇总并自动快速计算所需工程量，自动分析并输出图表；④由于在 BIM 中实现了资源、成本与项目实体构件的关联，快速发现偏差的施工节点，通过施工日志对相应节点进行偏差分析；⑤问题体现为成本阶段性偏差与总偏差，并提供成本超支预警；⑥通过对数据分析的辅助发现成本偏差的根本原因；⑦成本原因分析，根据工作任务分工表确定责任部门及责任人，通过 BIM 软件的优化或模拟、评价，改进方案的可行性与经济性；⑧采取调控措施，对相应偏差负责部门发出调控通知表的方式督促其进行成本偏差的调整。

▶▶ 2. 施工阶段基于 BIM 的承包商成本考核分析

施工阶段成本考核由项目部办公室负责，根据管理及考评制度、成本目标完成情况进行奖惩。BIM 的应用方法主要是通过数据为考评提供决策依据。

（三）施工阶段基于 BIM 的承包商成本动态管理方法

成本的动态控制以成本计划和工程合同为依据，动态控制成本的支出和资源消耗。此阶段 BIM 应用多是对成本静态管理常用应用的串联，基于 BIM 的承包商成本动态管理在 BIM 应用工作流程的指导下，做好以下四方面工作。

▶▶ 1. 现场成本及其相关数据的动态收集

通过移动端和 WEB 端 BIM 应用数据统计输入等方式实现对现场数据的动态采集，具体采集方式按施工质量、资源控制等维度步骤进行。需要明确的是采集的数据首先传输至负责该部门成本信息管理与处理的 BIM 工程师，由其审核、处理后转入 BIM 系统平台共享。

▶▶ 2. 成本数据的实时处理与监控

通过对收集的数据由 BIM 系统自动化处理并实现项目参与者实现对自身权限内进度、成本及资源消耗等成本信息的实时监控，通过资源管理与跟踪、工程量动态查询、进度款支付与控制及索赔变更统计等功能模块及时发现施工资源与成本管理的矛盾和冲突。应用的核心是 BIM 系统的数据分析、多算对比及动态模拟功能模块应用。

▶▶ 3.成本调控策略制定

在对成本数据处理、出现监控预警后进行动态调控,通过追踪偏差部位进行成本偏差原因分析,并形成调控意见输出成本预警单,通过 A、B、C、D 划分说明调整的迫切程度。将成本预警通知单下发至相应部门,根据成本偏差额度在 BIM 模型中分析调控方案,形成具体的调控策略并执行。

▶▶ 4.成本调控策略的跟踪实施

成本调控策略的跟踪实施一方面是通过 BIM 系统实现对成本调控策略实施效果的监控,另一方面是实现资源、进度计划、成本的同步调整和实施。此时的 BIM 实施多是对前面各阶段 BIM 应用的重复运用。

五、基于 BIM 的竣工阶段成本管理

对工程项目的交接,通过确认最终工程量对工程价款结算,BIM 可进行竣工结算资料的编制和合同争议的处理;工程总结包括项目部和施工企业两个层次,主要是对成本过程进行分析与考核,通过知识管理形成项目数据库。

在最终结算文件的编制过程中,BIM 实施:①运用 BIM 的算量计价软件根据 BIM 模型和过程结算资料输出竣工结算工程量和工程价款统计表。②通过 BIM 模型确认竣工结算过程中整个施工过程的工程量,并对各项成本进行核算分析。③通过结算资料同竣工模型的对应,检查是否有缺项漏项或重复计算,各项变更或索赔等费用是否落实。④通过 BIM 系统随施工过程所输出的电子档案,整理形成符合建设单位要求的竣工结算文件。⑤通过施工日志和施工模型的辅助,实现对争议事件的回顾与分析,促进甲乙双方对争议事件的解决。

竣工结算后承包商需要通过竣工模型转化为运维模型并交付于建设单位,一方面方便业主根据各种条件快速检索到相应资料,提升物业管理能力;另一方面以运维模型进行缺陷责任期对建筑项目的维护与保修,制定切实可行的工程保修计划,并在竣工结算时合理预留工程保修费用。

BIM 知识管理是以 BIM 数据库的形式体现,形成工程指标库,实施如下:将各阶段工程资料电子档案同对应模型关联后上传 BIM 系统;通过 BIM 系统对模

型数据按系统类别分解、指标化分析,归纳进入所属数据库,实现钢筋等资源消耗、同类工程成本估价等应用;类似工程通过对同类工作和指标参考,为后续项目各阶段决策与管理工作提供建议。

目前承包商知识管理刚刚起步,BIM 数据库可参照工程很少。在实施过程中最大的难点是一个模型难以定义不同阶段的数据信息,需通过多个模型展现,一方面存储难度大;另一方面多算对比需要调用若干模型,若操作不便,导致施工过程中模型改变步步备份,增加模型创建工作量,也导致数据的对比分析操作较为复杂。因此实现同一模型中对同一构件通过数据库后台存储,实质就是通过构件编码实现对同一构件基于时间和类型的存储,通过一个模型实现对其不同阶段数据的应用。知识管理的快捷实现仍需要软件和知识管理理念的推动发展。

第五节 竣工、移交的 BIM 成果交付

一、竣工、移交的成果交付概述

传统工程竣工验收的主要依据是《房屋建筑和市政基础设施工程竣工验收备案管理办法》,竣工验收工作由建设单位负责组织实施。在完成工程设计和合同规定的各项内容后,由施工单位对工程质量进行检查,确认工程质量符合有关法律、法规和工程建设强制性标准,符合设计文件及合同要求,然后提出竣工验收报告。建设单位收到工程竣工验收报告后,对符合竣工验收要求的工程,组织勘察、设计、监理等单位和其他有关方面的专家组成验收组,制定验收方案。在各项资料齐全并通过检验后,方可完成竣工验收。

基于 BIM 的竣工验收与传统的竣工验收不同。基于 BIM 的工程管理注重工程信息的实时性,项目的各参与方均需根据施工现场的实际情况将工程信息实时录入到 BIM 模型中,并且信息录入人员需对自己录入的数据进行检查并负责到底。在施工过程中,分部、分项工程的质量验收资料,工程洽商、设计变更文件等都要以数据的形式存储并关联到 BIM 模型中,竣工验收时信息的提供方需根据交付规定对工程信息进行过滤筛选,不宜包含冗余的信息。

竣工 BIM 模型与工程资料的关联关系,通过分析施工过程中形成的各类工程资料,结合 BIM 模型的特点与工程实际施工情况,根据工程资料与模型的关联关系,将工程资料分为三种:①一份资料信息与模型多个部位关联。②多份资料信息

与模型一个部位发生关联。③工程综合信息的资料,与模型部位不关联。

将上述三种类型资料与 BIM 模型链接在一起,形成蕴含完整工程资料并便于检索的竣工 BIM 模型。

基于 BIM 的竣工验收管理模式的各种模型与文件的模型与文件、成果交付应当遵循项目各方提前制定的合约要求。

二、竣工验收阶段 BIM 模型内容

表 2-4　建筑专业竣工模型内容表

序号	构件名称	几何信息	非几何信息
1	场地	场地边界(用地红线、高程、正北)、地形表面、建筑地坪、场地道路等	地理区位、基本项目信息
2	建筑物主体	外观形状、体量大小、位置、建筑层数、高度、基本功能分隔构件、基本面积、建筑标高等	建筑房间与空间类别及使用人数;建筑占地面积、总面积、容积率及覆盖率;防火类别及防火等级;人防类别及等级;防水防潮等级等基础
3	主体建筑构件(楼地面、柱、外墙、外幕墙、屋顶、内墙、门窗、楼梯、坡道、电梯、管井、吊顶等)	几何尺寸、定位信息	材料信息、材质信息、规格尺寸、物理性能、构造做法、工艺要求等
4	次要建筑构件(构造柱、过梁、基础、排水沟、集水坑等)	几何尺寸、定位信息	材料信息、材质信息、物理性能、构造做法、工艺要求等
5	主要建筑设施(卫浴、家具、厨房设施等)	几何尺寸、定位信息	材料信息、材质信息、型号、物理性能、构造做法、工艺要求等
6	主要建筑细部(栏杆、扶手、装饰构件、功能性构件如:防水防潮、保温、隔声吸声设施等)	几何尺寸、定位信息	材料信息、材质信息、物理性能、设计参数、构造做法、工艺要求等
7	预留洞口和隐蔽工程	几何尺寸、定位信息	材料信息、材质信息、物理性能、设计参数、构造做法、工艺要求等

三、集成交付总体流程

对于 BIM 竣工模型,其数据不仅包括建筑、结构、机电等各专业模型的基本几何信息,同时还应该包括与模型相关联的、在工程建造过程中产生的各种文件资料,其形式包括文档、表格、图片等。

通过将竣工资料整合到 BIM 模型中,形成整个工程完整的 BIM 竣工模型。BIM 竣工模型中的信息,应满足国家现行标准《建筑工程资料管理规程》(JGJ/T185)、《建筑工程施工质量验收统一标准》(GB 50300)中要求的质量验收资料信息及业主运维管理所需的相关资料。

竣工验收阶段产生的所有信息应符合国家、行业、企业相关规范、标准要求,并按照合同约定的方式进行分类。竣工模型的信息管理与使用宜通过定制软件的方式实现,其信息格式宜采用通用且可交换的格式,包括文档、图表、表格、多媒体文件等。

竣工模型数据及资料包括但不限于:工程中实际应用的各专业 BIM 模型(建筑、结构、机电);施工管理资料、施工技术资料、施工测量记录、施工物资资料、施工记录、施工试验资料、过程验收资料、竣工质量验收资料等。

由施工方主导,根据相关勘察设计和其他工程资料,对信息进行分类,对模型进行规划,制定相关信息文件、模型文件格式、技术、行为标准。应用支持 IFC 协议的不同建筑机电设计软件虚拟建造出信息模型。将竣工情况完整而准确地记录在 BIM 模型中。

通过数字化集成交付系统内置的 IFC 接口,将三维模型和相关的工程属性信息一并导入,形成 MEP - BIM,将所建立的三维模型和建模过程中所录入的所有工程属性同时保留下来,避免信息的重复录入,提高信息的使用效率。

通过基于 BIM 的集成交付平台,将设备实体和虚拟的 MEP - BIM 一起集成交付给业主,实现机电设备安装过程和运维阶段的信息集成共享、高效管理。

四、BIM 模型交付要求

在工程建设的交界阶段,前一阶段 BIM 工作完成后应交付 BIM 成果,包括BIM 模型文件、设计说明、计算书、消防、规划二维图纸、设计变更、重要阶段性修改记录和可形成企业资产的交付及信息。项目的 BIM 信息模型所有知识产权归业主所有,交付物为纸质表格图纸及电子光盘,且需加盖公章。

　　为了保证工程建设前一阶段移交付的 BIM 模型能够与工程建设下一阶段 BIM 应用模型进行对接,对 BIM 模型的交付质量提出以下要求:①提供模型的建立依据,如建模软件的版本号、相关插件的说明、图纸版本、调整过程记录等,方便接收后的模型维护工作。②在建模前进行沟通,统一建模标准:如模型文件、构件、空间、区域的命名规则,标高准则,对象分组原则,建模精度,系统划分原则,颜色管理,参数添加等。④所提交的模型,各专业内部及专业之间无构件碰撞问题的存在,提交有价值的碰撞检测报告,含有硬碰撞和间隙碰撞。④模型和构件尺寸形状及位置应准确无误,避免重叠构件,特别是综合管线的标高、设备安装定位等信息,保证模型的准确性。⑤所有构件均有明确详细的几何信息及非几何信息,数据信息完整规范,减少累赘。⑥与模型文件一同提交的说明文档中必须包含模型的原点坐标描述及模型建立所参照的 CAD 图纸情况。⑦针对设计阶段的 BIM 应用点,每个应用点分别建立一个文件夹。对于 3D 漫游和设计方案比选等应用,提供 AVI 格式的视频文件和相关说明。⑧对于工程量统计、日照和采光分析、能耗分析、声环境分析、通风情况分析等应用,提供成果文件和相关说明。⑨设计方各阶段的 BIM 模型(方案阶段、初步设计阶段、施工图阶段)通过业主认可的第三方咨询机构审查后,才能进行二维图正式出图。⑩所有的机电设备、办公家具有简要模型,由 BIM 公司制作,主要功能房、设备房及外立面有渲染图片,室外及室内各个楼层均有漫游动画。⑪由 BIM 模型生成若干个平面、立面剖面图纸及表格,特别是构件复杂,管线繁多部位应出具详图,且应该符合《建筑工程设计文件编制深度规定》。⑫搭建 BIM 施工模型,含塔吊、脚手架、升降机、临时设施、围墙、出入口等,每月更新施工进度,提交重点难点部位的施工建议,作业流程。⑬BIM 模型生成详细的工程量清单表,汇总梳理后与造价咨询公司的清单对照检查,得出结论报告。⑭提供 iPad 平板电脑随时随地对照检查施工现场是否符合 BIM 模型,便于甲方、监理的现场管理。⑮为限制文件大小,所有模型在提交时必须清除未使用项,删除所有导入文件和外部参照链接,同时模型中的所有视图必须经过整理,只保留默认的视图和视点,其他都删除。⑯竣工模型在施工图模型的基础上添加以下信息:生产信息(生产厂家、生产日期等)、运输信息(进场信息、存储信息)、安装信息(浇筑、安装日期、操作单位)和产品信息(技术参数、供应商、产品合格证等),如有在设计阶段没能确定的外形结构的设备及产品,在竣工模型中必须添加与现场一致的模型。

五、BIM 成果交付内容

BIM 成果的主要交付类型包括以下 4 类。

(一)模型文件

模型成果主要包括建筑、结构、机电、钢结构和幕墙专业所构建的模型文件及各专业整合后的整合模型。

(二)文档格式

在 BIM 技术应用过程中所产生的各种分析报告等由 Word、Excel、Power-Point 等办公软件生成的相应格式的文件,在交付时统一转换为 PDF 格式。

(三)图形文件

主要是指按照施工项目要求,针对指定位置经 Autodesk Navisworks 软件进行渲染生成的图片,为 PDF 格式。

(四)动画文件

BIM 技术应用过程中基于 Autodesk Navisworks 软件按照施工项目要求进行漫游、模拟,通过录屏软件录制生成的 avi 格式视频文件。

第三章　绿色施工与建筑信息模型(BIM)

第一节　绿色施工

绿色节能建筑是指在建筑的全寿命周期内,最大限度地节约资源节能、节地、节水、节材、保护环境和减少污染,为人们提供健康、适用和高效的使用空间,与自然和谐共生的建筑。如今,快速的城市化进程、巨大的基础建设量、自然资源及环境的限制决定了中国建筑节能工作的重大意义和时间紧迫性,因此建筑工程项目由传统高消耗发展向高效型发展模式已成为大势所趋,而绿色建筑的推进是实现这一转变的关键所在。绿色节能建筑施工,符合可持续发展战略目标,有利于革新建筑施工技术,最大化地实现绿色建筑设计、施工和管理,以便获取更加大的经济效益、社会效益和生态效益,优化配置施工过程中的人力、物力、财力,这对于提升建筑施工管理水平,提高绿色建筑的功能成本效益大有裨益。

一、绿色施工面临的问题

(一)绿色节能建筑施工特点

绿色建筑施工与传统施工相比,存在相同点,但从功能性方面和全寿命周期成本方面的要求有很大不同。对比传统施工结合国内外文献和绿色施工案例。分析其相同点,并从施工目标、成本降低出发点、着眼点、功能设计、效益观及效果6个方面分析两者的差异,可以看出绿色建筑施工在建筑功能设计及成本组成上考虑了绿色环保及全寿命周期及可持续发展的因素,在与传统施工的异同点对比的基础上,结合相关文献及本人所在工程的实践,总结出绿色施工4个特点。

》》 1. 以客户为中心

在满足传统目标的同时,考虑建筑的环境属性;传统建筑是以进度、质量和成本作为主要控制目标,而绿色建筑的出发点是节约资源、保护环境,满足使用者的要求,以客户的需求为中心,管理人员需要更多地了解客户的需求、偏好、施工过程对客户的影响等,此处的客户不仅仅包括最终的使用者,还包括潜在的使用者、自然等。传统建筑的建造和使用过程中消耗了过多的不可再生资源,给生态环境带来了严重污染,而绿色建筑正因此在传统建筑施工目标上基础上,优先考虑建筑的环境属性,做到节约资源,保护环境,节省能源,讲究与自然环境和谐相处,采取措施将环境破坏程度降到最低,进行破坏修复,或将不利影响转换为有利影响;同时为客户提供健康舒适的生活空间,以满足客户体验为另一目标。最终的绿色建筑不仅要交付一个舒适、健康的内部空间,也要制造一个温馨、和谐的外部环境,最终追求"天人合一"的最高目标。

➤➤ 2. 全寿命周期内

最大限度地利用被动式节能设计与可再生能源。不同于传统的建筑,绿色建筑是针对建筑的全寿命周期范围,从项目的策划、设计、施工、运营直到筑物拆除保护环境、与自然和谐相处的建筑。在设计时提倡被动式建筑设计,就是通过建筑物本身来收集、储蓄能量使得与周围环境形成自循环的系统。这样能够充分利用自然资源,达到节约能源的作用。设计的方法有建筑朝向、保温、形体、遮阳、自然通风采光等。现在节能建筑的大力倡导,使得被动式设计不断被提及,而研究最多的就是被动式太阳能建筑。在建筑的运营阶段如何降低能耗、节约资源,能源是最为关键的问题,这就需要尽量使用可再生的能源,做到一次投入,全寿命周期内受益,例如将光能、风能、地热等合理利用。

➤➤ 3. 注重全局优化

以价值工程为优化基础保证施工目标均衡。绿色建筑从项目的策划、设计、施工、运营直到筑物拆除过程中追求的是全寿命周期范围内的建筑收益最大化,是一种全局的优化,这种优化不仅仅是总成本的最低,还包括社会效益和环境效益,如最小化建筑对自然环境的负面影响或破坏程度,最大化环保效益、社会示范效益。绿色施工虽然可能导致施工成本增大,但从长远来看,将使得国家或相关地区的整体效益增加。绿色施工做法有时会造成施工成本的增加,有时会减少施工成本。总体来说,绿色施工的综合效益一定是增加的,但这种增加也是有条件的,建设过程有各种各样的约束,进度、费用、环保等要求,因此需要以价值工程为优化基础保证施工目标均衡。

▶▶ 4.重视创新,提倡新技术、新材料、新器械的应用

　　绿色建筑是一个技术的集成体,在实施过程中会遇到诸如规划选址合理、能源优化、污水处理、可再生能源的利用、管线的优化、采光设计、系统建模与仿真优化等的技术问题。相对于传统建筑,绿色节能建筑在技术难度、施工复杂度及风险把控上都存在很大的挑战。这就需要建筑师和各个专业的工程师共同合作,利用多种先进技术、新材料及新器械,以可持续发展为原则,追求高效能、低能耗将同等单位的资源在同样的客观条件下,发挥出更大的效能。国内外实践中应用较好的技术方法有 BIM、采光技术、水资源回收利用等技术。这些新技术应用可以提高施工效率,解决传统施工无法企及的问题。因此,绿色施工管理需要理念上的转变,也还需要施工工艺和新材料、新设施等的支持。施工新技术、材料、机械、工艺等的推广应用不仅能够产生好的经济效益,而且能够降低施工对环境的污染,创造较好的社会效益和环保效益。

(二)绿色节能建筑施工关键问题

　　从绿色节能建筑的特点可以看出绿色节能建筑施工是在传统建筑施工的基础上加入了绿色施工的约束,可以将绿色施工作为一个建筑施工专项进行策划管理。根据绿色施工的特点、绿色施工案例和文献,结合 LEED 标准及建设部《绿色施工导则》等标准梳理出绿色节能建筑施工关键问题,这些问题是现在施工中不曾考虑的,也是要在以后的施工中予以考虑的。因此本书将这些绿色管理内容进行汇总,从全寿命周期的角度进行划分,分为概念阶段的绿色管理、计划阶段的绿色管理,施工阶段的绿色管理及运营阶段的绿色管理。

▶▶ 1.概念阶段的绿色管理

　　项目的概念阶段是定义一个新的项目或者既有项目开展的一个变更的阶段。在绿色施工中,依据"客户第一,全局最优的"理念,可以将绿色施工概念阶段的绿色管理工作分成 4 部分。首先,需要依据客户的需求制作一份项目规划,将项目的意图、大致的方向确定下来;其次,由业主制定一套项目建议书,其中绿色管理部分应包含建筑环境评价的纲要、制定环境评价的标准、施工方依据标准提供多套可行性方案;再次,业主组织专家做好可行性方案的评审,对于绿色管理内容,一定要做好项目环境影响评价,并从中选出一套可行方案;最后,业主需要确定项

目范围,依据项目范围做好项目各项计划,包括绿色管理安排,另外设定目标,建立目标的审核与评价标准。该阶段以工程方案的验收为关键决策点,交付物为功能性大纲、工程方案及技术合同、项目可行性建议书、评估报告及贷款合同等。

▶▶ 2.计划阶段的绿色管理

当项目论证评估结束,并确定项目符合各项规定后,开始进入计划阶段,需要将工程细化落实,但不仅仅是概念阶段的细化,它更是施工阶段的基础。此阶段需要做好三方面工作:①征地、拆迁及招标。②选择好施工、设计、监理单位,并邀请业主、施工单位、监理单位有经验的专家参与到设计工作中,组织设计院对项目各项指标参数进行图纸及模型化,并做好相应管理计划,包括:资源、资金、质量、进度、风险、环保等计划,此过程会发生变更,各方须做好配合和支持工作,组织专家对设计院提交的设计草图和施工图进行审核。③做好项目团队的组建,开始施工准备,做好“七通一平”(通电、通水、通路、通邮、通暖气、通讯、通天然气及场地平整)。此阶段以施工图及设计说明书的批准为关键决策点,交付物为项目的设计草图、施工图、设计说明书及项目人员聘用合同。

▶▶ 3.施工阶段的绿色管理

在设计阶段评审合格后,需要将图纸和模型具体化,进行建造施工及设备安装。施工方应组织工程主体施工并与供应商进行设备安装。此时,主要责任部门为施工方,设计部门做好配合和支持工作,业主与监理部门做好工程建设过程的监督审核,并做好变更管理和过程控制。此阶段是资源消耗与污染产生最多的阶段,因此在此阶段施工单位需采取四项重要措施:①建立绿色管理机制。②做好建筑垃圾和污染物的防治和保护措施。③使用科学有效的方法尽可能高得利用能源。④业主与监理部门做好工程建设过程的跟踪、审核、监督与反馈,特别是对绿色材料的应用及污染物的处理。此阶段以建安项目完工验收为关键决策点,交付物为建安工程主要节点的验收报告及符合标准的建筑物、构筑物及相应设备。

▶▶ 4.运营阶段的绿色管理

运营维护阶段是绿色节能建筑经历最长的阶段。建安项目结束后,需要对仪器进行调试,培训操作人员,业主应组织原材料,与工程咨询机构配合,做好运营工作;当建筑到达设计寿命期限,需要做好拆除及资源回收的工作;在工程运行数年之后按照要求进行后评价,具体是三级评价即自评、同行评议及后评价,目的是提炼绿色节能建筑施工运营工作中的最佳实践,进一步提升管理能力,为以后的绿色建筑建设运营做先导示范作用。此阶段交付物为工程中试的技术、系统成熟度检验报告,三级后评价报告,维管合同、拆除回收计划、符合标准要求的建筑物、构筑物、设备、生产流程及懂技术、会操作的工作人员。

二、基于 BIM 及价值工程的施工流程优化

(一)绿色施工流程优化

从目前绿色施工企业面临的现状及问题可以看出,当前绿色建筑施工对绿色节能建筑全寿命周期功能性设计和成本方面要求考虑不足,在绿色环保及全寿命周期及可持续发展因素上有待加强,在接到甲方提供的建筑需求图纸和绿色功能要求能否实施,材料、方案能否可以应用,经济功能能否满足需求这些都是有待考证的。引入这些施工要素势必引起施工成本增加、流程变复杂,施工周期、风险也相应会加大,如何在多重约束下实现绿色目标是需要权衡成本和功能的,并且在方案确定之后由于甲方在建筑性能及结构上的独特需求,往往造成方案施工难度大,稍有不慎又会引起返工高昂的造价费用。因此,前期在初步设计接到概念性的设计图纸之后就对拟选用的方案做好全寿命周期功能及成本平衡分析,从设计源头就选择功能成本相匹配的方案,基于此在以后的设计阶段不断增加设计深度,在施工图纸出具之后在施工前,对设计进行深化,提高专业的协同、模拟施工组织安排,合理处置施工的风险,减少施工返工、保障施工一步到位,可以对绿色施工目前面临的重视施工阶段、缺乏合理的功能成本分析及施工流程与绿色认证要求不匹配问题进行应对。

现有的施工流程中缺少方案选择和设计深化部分,可以考虑在整个管理流程上分别增加环节,重点是在初设阶段引入方案的选择与优化,鉴于价值工程强大的成本分析、功能分析、新方案创造及评估的作用及国际上 60 余年实践中低投入高回报的优势,从绿色建筑全寿命期的角度入手给出功能定义和全寿命周期成本需要考虑的主要因素,利用价值工程在多目标约束下均衡选优的作用,对业主提供的绿色施工方案从全寿命周期的功能与成本分析,做到从最初阶段入手,提高项目方案优化与选择的效率和效益,同时也可以利用方案选择与优化的过程与结果说服甲方和设计方,可作为变更方案的依据。

尽管通过方案优化选择确定施工方案后由于建筑结构复杂性、施工难度等问题使得传统施工不能发挥很好的作用,可以在施工前加入方案的深度优化,利用 BIM 强大的建模、数字智能和专业协同性能,进行专业协同、用能模拟,施工进度模拟等对施工方案进行深化,合理安排施工。最后将管理向运营维护阶段延伸,最终移交的不单单是建筑本身,相应的服务、培训、维修等工作也要跟上,对施工流程的优化,虚框的内容是添加的流程。需要说明的是,价值工程及 BIM 的应用可以贯穿全寿命周期,只是初步设计阶段之后和施工前是价值工程和 BIM 最重要的应用环节,因此将这两个环节加入原有的施工流程。以下对添加的方案优化与选择环节和 BIM 对设计的深度优化环节做重点介绍。

(二)基于价值工程的施工流程优化

在初步设计施工企业接到概念性的设计图纸之后就需要对拟选用的方案做好全寿命周期功能及成本平衡分析,从设计源头就选择功能成本相匹配的方案,基于此在以后的设计阶段不断增加设计深度。价值工程的主要思想是整合现有资源,优化安排以获得最大价值,追求全寿命期内低成本高效率,专注于功能提升和成本控制,利用量化思维,将无法度量的功能量化,抓住和利用关键问题和主要矛盾,整合技术与经济手段,系统地解决问题和矛盾,在解决绿色建筑施工多目标均衡、提升全寿命周期内建筑的功能和成本效率及选择新材料新技术上有很好的实践指导作用。因此可以在绿色施工的概念设计出具之后增加新的流程环节,组织技术经济分析小组对重要的方案进行价值分析,寻求方案的功能与成本均衡。价值工程在方案优化与选择环节中主要用途为:挑选出价值高、意义重大的问题,予以改进提升和方案比较、优选。其流程为:①确定研究对象。②全寿命周期功能指标及成本指标定义。③恶劣环境下样品试验。④价值分析。⑤方案评价及选择。

≫≫ 1. 全寿命周期功能指标及成本指标定义

在确定研究对象之后,进行功能定义和成本分析。参照 LEED 标准、绿色建筑评价标准及实践经验总结绿色建筑研究对象的功能的主要内容,价值工程理论一般将功能分为:基本功能、附属功能、上位功能及假设功能。基本功能关注的是使用价值和功能价值,即该产品能做什么;附属功能一般是辅助作用,一般是外观设计,关注的是产品还有其他什么功能;后两种功能超出产品本身,一般不在功能分析里讨论。

全寿命周期成本一般包括:初期投入成本和后期的维护运营成本。细化来看初期成本包括:直接费(原材料费用、人工费、设备费用)、间接费、税金等;后期的运营费包括:管理费、燃料动力费、大修费、定期维护保养费、拆除回收费等。

▶▶2.恶劣环境下样品试验

由于建筑物的绿色特性,在设计施工中常常会用到一些新材料、构件,此时需进行样品加工、交检,经检验员对样品进行恶劣环境下如高温曝晒、干燥、潮湿、酸碱等环境下试验,由质监员根据样品的性能指标做最终评审,并记录各项实验指标。

▶▶3.方案评价及选择

依据样品试验及所求的价值系数,利用价值工程原理对已有方案进行价值提升或者对于新方案进行优选。一般存在 5 条提高价值的途径,可根据项目掌握的信息、市场预测情况、存在的问题及提高劳动生产率、提高质量、控制进度、降低成本等目标来选择对象合适的方案。

(三)绿色节能建筑施工流程优化应用

鉴于 BIM 技术强大的建模、数字智能和专业协同性能及国际上 10 余年工程建设实践中低投入高回报的优势,BIM 在追求全寿命期内低成本高效率,专注于功能提升和成本控制,利用量化思维,将细节数据全部展现出来,其目标以最小投入获得最大功能,这与绿色建筑施工的追求寿命期内建筑功能和成本均衡、引用新技术特点是相一致的,因此可以将 BIM 技术作为绿色施工中的一项新技术在施工图纸出具之后施工开始之前引入施工中,在施工流程中增加一个设计深化的流程环节,组织 BIM 工作小组,将施工设计进行深度优化,保障施工顺利进行。

▶▶1.BIM 技术在方案深化阶段的应用

考虑到在方案优化后各项构件的昂贵价值及工程独特复杂性,需要尽量降低返工、误工的损失,保证施工顺利进行,成立项目部成立 BIM 技术小组,将方案深度优化作为新环节加入原来施工流程。利用 BIM 技术进行了 3D 建模,能量模拟、漫游及管线碰撞等试验。其中,在建模中充分考虑了被动节能设计,预留了采光通风通道,也通过漫游的应用分析对比并不断优化设计方案,为深度优化设计方案;进行了能量模拟,对建筑的节能情况进行了分析,对不合理之处进行改进,碰撞试验解决主体、结构、水电、暖通等不同专业设计图纸的融合,在碰撞试验中发现了 3 处管线铺设不合理之处,通过优化方案和设计,为工程算量、管道综合布置提供了可靠的保障。增加的阶段,BIM 技术作为新技术体现了绿色建筑注重全局优化、全寿命周期最大限度利用被动式节能设计与可再生能源的特性。

▶▶ 2. BIM 技术在绿色建筑其他阶段的应用

在其他阶段也可以利用 BIM 的 3D 展现能力、精确计算能力及协同沟通能力,将其应用到绿色建筑中可以很好地体现出绿色建筑的特点。借鉴国内外 BIM 技术在的绿色建筑施工管理中取得的好的实践,将 BIM 技术应用于绿色建筑的全寿命周期中,本书结合所在中丹绿色施工项目中的实际应用对 BIM 在其他阶段应用进行介绍。

(1)BIM 技术在决策阶段的应用

在决策阶段,在技术方案中,按照客户对绿色建筑的需求,建立建筑的 3D 模型,使得各参与方对绿色建筑从一开始就对建筑的内外环境有直观便捷的认识,在对后期建筑设计、施工、运维等方案的认识上更容易达成一致,同时也便于对外展示,起到很好的示范宣传作用。此阶段 BIM 技术应用充分体现了绿色施工以客户为中心,考虑建筑的环境属性的特点。

(2)BIM 技术在施工阶段的应用

在施工阶段,进行了 3D 建模指导模板支护,为结构复杂的构建施工提供了指导,以旋转楼梯为例,旋转楼梯是由同一圆心的两条不同半径的内外侧螺旋线组成的螺旋面分级而成,每一踏步都从圆心向外放射,虽然内外侧踏步宽度不同,但在每一放射面上的内外侧的标高是相同的。螺旋楼梯施工放线较为复杂,必须先做好业内工作,本工程利用 BIM 技术,导出该梯梁控制点的 ID 坐标,实现了无梁敞开式折板清水混凝土旋转楼梯的施工操作,保证施工顺利进行,实施过程无返工,节约了时间,减少了材料的浪费。

另外,进度可视化模拟节约了人工成本,能帮助没有经验及刚参加工作的管理人员更直观地认识工程实体,了解工程进度,提高施工效率;在施工阶段实施了工程算量,实现精细化生产,实际施工中,通过 BIM 算量指导钢筋、混凝土等的用量,偏差可控制在5%左右,符合低消耗的绿色施工理念,此阶段BIM技术作为新技术体现了绿色建筑节能优化、追求目标均衡的特性。

第二节　建筑信息模型(BIM)

建筑信息模型是参数化的数字模型,能够存储建筑全生命周期的数据信息,应用范围涵盖了整个AEC行业。BIM技术大大提高了建筑节能设计的工作效率和准确性,一定程度上减少了重复工作,使得工程信息共享性显著提高。但是,相关BIM软件间互操作性较差,不同软件采用不同的数据存储标准,在互操作时信息丢失严重,形成信息孤岛。建立开放统一的建筑信息模型数据标准是解决信息共享中"信息孤岛"问题的有效途径。在本节中,将重点介绍有关建筑信息模型的内容。

一、基于BIM技术的绿色建筑分析

(一)国内外绿色建筑评价标准

≫≫ 1. 国外绿色建筑评价标准

随着社会经济的发展,人们对环境特别是居住的舒适性提出了更高的需求,绿色建筑的发展越来越受到人们的关注,绿色评价体系也随之出现。就目前已经出台的评价体系有LEED体系、BREEAM体系、C体系、CAS BEE体系及我国的绿色建筑评价体系。

(1)英国BREEAM绿色建筑评价体系

BREEAM体系由九个评价指标组成,并有相应权重和得分点,其中"能源"所占比例最大。所有评价指标的环境表现均是全球、当地和室内的环境影响,这种方法在实际情况发生变化时不仅有利于评价体系的修改,也有易于评价条款的增减。BREEAM评定结果分为四个等级,即"优秀""良好""好""合格"四项。这种评价体系的评价依据是全寿命周期,每一指标分值相等且均需进行打分,总分为单项分数累加之和,评价合格由英国建筑研究机构颁发证书。

（2）美国 LEED 绿色建筑评价体系

LEED 评价体系由美国绿色建筑委员会（USC）制定的，对建筑绿色性能评价基于建筑全寿命周期，LLED 评价体系的认证范围包括新建建筑、住宅、学校、医院、零售、社区规划与发展、既有建筑的运维管理，这 5 个五认证范围都是从五大方面进行分析，包括：可持续场地、水资源保护、能源与大气、材料与资源、室内环境质量。LEED 绿色评价体系较完善，未对评价指标设置权重，采用得分直接累加，大大简化了操作过程。LEED 评价体系的评价指标包括室内环境质量、场地、水资源、能源及大气、材料资源和设计流程的创新。LEED 评价体系满分 69 分，分为合格（26～32 分）、银质（33～38 分）、金质（39～51 分）、白金（52 分以上）四类。

（3）德国 DGNB 绿色建筑评价体系

德国 DGNB 绿色建筑评价体系是政府参与的可持续建筑评估体系，该评价体系由德国交通部、建设与城市规划部及德国绿色建筑协会发起制定，具有国家标准性质和较高的权威性。DGNB 评价体系是德国在建筑可持续性方面的结晶，DGNB 绿色建筑评价标准体系有以下特点：第一，将保护群体进行分类，明确的保护对象包括自然环境资源、经济价值、人类健康和社会文化影响等。第二，对明确的保护对象制定相应的保护目标，分别是保护环境、降低建筑全生命周期的能耗值及保护社会环境的健康发展。第三，以目标为导向机制，把建筑对经济、社会的影响与生态环境放到同等高度，所占比例均为 22.5%。DGNB 体系的评分规则详细，每个评估项有相应的计算规则和数据支持，保证了评估的科学和严谨，评估结果分为金、银、铜三级，>50% 为铜级，>65% 为银级，>80% 为金级。

》》2. 国内绿色建筑评价标准

我国绿色建筑评价标准相比其他发达国家起步较晚，由当时的建设部发布我国第一版《绿色建筑评价标准》，绿色建筑评价体系是通过对建筑从可行性研究开始一直到运维结束，对建筑全寿命周期进行全方位的评价，主要考虑建筑资源节约、环境保护、材料节约、减少环境污染和环境负荷方面，最大限度地节能、节水、节材和节地。

近几年我国绿色建筑发展迅速，绿色建筑的内涵和范围不断扩大，绿色建筑的概念及绿色建筑技术不断地推陈出新，旧版绿色建筑评价标准体系存在一些不足,可概括为三个方面:①不能全面考虑建筑所处地域差异。②项目在实施及运营阶段的管理水平不足。④绿色建筑相关评价细则不够针对性。新版《绿色建筑评价标准》借鉴了国际上比较先进的绿色建筑评价体系,在评价的准确性、可操作性、评价的覆盖范围及灵活性等几个方面都有了较大的进步,同时考虑我国目前的实际情况,增加对管理方面的考虑,在灵活性和可操作性方面均有所提升。

3.绿色建筑评价指标体系

《绿色建筑评价标准》的评价体系,建立 BIM 指标体系需将《绿色建筑评价标准》中条文数字化,标准中条文可分为两种数据类型:布尔型(假或真)、数值型。场地内风环境有利于室外行走、活动舒适和建筑的自然通风,建筑周围人行区域风速小于5m/s,除第一排建筑外,建筑迎风与背风表面风压不大于5Pa,场地内人活动区域不出现涡旋,50%以上可开启窗内外风压差不大于 0.5Pa;公共建筑房间采光系数满足现行国家标准《建筑采光设计标准》中办公室采光系数不低于2%;建筑朝向宜避开冬季主导风向,考虑整体热岛效应,有利于通风等相关指标均可以通过 BIM 模型与分析软件通过互操作实现。

(二)基于 BIM 技术绿色建筑分析方法

1.传统绿色建筑分析流程

通过对传统的建筑设计流程和建筑绿色性能评价流程的分析,传统的建筑绿色性能评价通常是在建筑设计的后期进行分析,模型建立过程繁琐,互操作性差,分析工具和方法专业性较强,分析数据和表达结果不够清晰直观,非专业人员识读困难。

可以看出,传统分析开始于施工图设计完成之后,这种分析方法不能在设计早期阶段指导设计。若设计方案的绿色性能分析结果不能达到国家规范标准或者业主要求,会产生大量的修改甚至否定整个设计方案,对建筑设计成果的修改只能以"打补丁"的形式进行,且会增加不必要的工作和设计成本。传统的建筑绿色性能分析方法的主要矛盾表现在以下几个方面:①建筑绿色分析数据分析量较大,建筑设计人员需借助一定的辅助工具。②初步设计阶段难以进行快速的建筑绿色性能分析,节能设计优化实施困难。③建筑绿色性能分析的结果表达不够直观,需专业人士进行解读,不能与建筑设计等专业人员协同工作。④分析模型建立过程繁琐,且后续利用较差。

▶▶ **2. 基于 BIM 技术绿色建筑分析流程**

基于 BIM 技术的建筑绿色性能分析与建筑设计过程具有一定的整合性,将建筑设计与绿色性能分析协同进行,从建筑方案设计开始到项目实施结束,全程参与整个项目中,设计初期通过 BIM 建模软件建立 3D 模型,同时 BIM 软件与绿色性能分析软件具有互操作性,可将设计模型简化后通过 IFC、XML 格式文件直接生成绿色分析模型。

根据前面章节内容总结 BIM 技术分析流程与传统分析流程相比,基于 BIM 技术的建筑绿色性能分析流程具有以下特点:①首先体现在分析工具的选择上面,传统分析工具通常是 DOE - 2、PKPM 等,这些软件建立的实验模型往往与实物存在一定的差异,分析项目有限。基于 BIM 技术的绿色分析通过软件间互操作性生成分析模型。②整个设计过程在同一数据基础上完成,使得每一阶段均可直接利用之前阶段的成果,从而避免了相关数据的重复输入,极大地提高了工作效率。③设计信息能高效重复使用,信息输入过程实现自动化,操作性好。模拟输入数据的时间极大缩短,设计者通过多次执行"设计、模拟评价、修正设计"这一迭代过程,不断优化设计,使建筑设计更加精确。④BIM 技术是由众多软件组成,且这些软件间具有良好的互操作性能,支持组合采用来自不同厂商的建筑设计软件、建筑节能设计软件和建筑设备设计软件,从而使设计者可得到最好的设计软件的组合。此外,基于 BIM 技术的绿色性能分析的人员参与,模型建立、分析结果的表达及分析模型的后续利用与传统方法有根本的不同。

▶▶ **3. BIM 模型数据标准化问题**

绿色建筑的评价需依靠一套完整的评价流程和体系,BIM 技术在绿色建筑分析方面有一定优势,但是在绿色建筑分析过程中涉及多种软件,各软件采用的数据格式不尽相同。因此,分析过程中涉及软件互操作问题,目前软件间存在信息共享难、不同绿色建筑分析软互操作性差和分析效率低等问题。本书选取了几种常用的绿色建筑分析软件,分析了不同软件所能支持的典型数据格式及不同数据格式的互操作性问题。

二、基于 IFC 标准的绿色建筑信息模型

(一)IFC 标准概述

IFC 是一个开放的、标准化的、支持扩展的通用数据模型标准,目的是使建筑信息模型(BIM)软件在建筑业中的应用具有更好数据的交换性和互操作性。IFC 标准的 BIM 模型能将传统建筑行业中的典型的碎片化的实施模式和各个阶段的参与者联系起来,各阶段的模型能够更好地协同工作和信息共享,能够减少项目周期内大量的冗余工作。

此外,IFC 模型采用了严格的关联层级结构,包括四个概念层。从上到下分别是领域层(domain layer),描述各个专业领域的专门信息,如建筑学、结构构件、结构、分析、给水排水、暖通、电气、施工管理和设备管理等;共享层(interoperability layer),描述各专业领域信息交互的问题,在这个层次上,各个系统的组成元素细化;核心层(core layer),描述建筑工程信息的整体框架,将信息资源层的内容用一个整体框架组织起来,使其相互联系和连接,组成一个整体,真实反映现实世界的结构;资源层(resource layer),描述标准中可能用到的基本信息,作为信息模型的基础服务于整个 BIM 模型。

IFC 标准在描述实体方面具有很强的表现能力,是保证建筑信息模型(BIM)在不同的 BIM 工具之间的数据共享性方面的有效手段。IFC 标准支持开放的互操作性建筑信息模型能够将建筑设计、成本、建造等信息无缝共享,在提高生产力方面具有很大的潜力。但是,IFC 标准涵盖范围广泛部分实体定义不够精确,存在大量的信息冗余,在保证信息模型的完整性和数据交换的共享程度方面仍不能够满足工程建设中的需求。因此对特定的交换模型清晰的定义交换需求、流程图或者功能组件中所包含的信息,应制定标准化的信息交付手册(IDM),然后将这些信息映射成为 IFC 格式的 MVD 模型,从而保证建筑信息模型数据的互操作性。

随着 IFC 版本的不断更新,IFC 的应用范围也在不断地扩大。IFC 2.0 版本可以表达建筑设计、设施管理、建筑维护、规范检查、仿真分析和计划安排等 6 个方面的信息,IFC2×3 作为最重要的一个版本,其覆盖的内容进一步扩展,增加了 HVAC、电气和施工管理三个领域,伴随着覆盖领域的扩展,IFC 架构中的

实体数量也在不断补充完善,IFC 中实体数量的变化情况,最新的 IFC4 中共有 766 个实体,比上一版本的 IFC2×3 多 113 个实体。FC4 在信息的覆盖范围上面有较大的变化,着重突出了有关绿色建筑和 GIS 相关实体。对在绿色建筑信息集成方面的对应实体问题,在 IFC4 中通过扩展相关实体有所改善,新增的实体可以使得 IFC 的建筑信息模型在绿色建筑信息与 XML 在信息共享程度有所改善。

(二)IFC 标准应用方法

IFC 标准是一个开放的、具有通用数据架构和提供多种定义和描述建筑构件信息的方式,为实现全寿命周期信息的互操作性提供了可能。正因为 IFC 的这用特性,使其在应用过程中存在高度的信息冗余,在信息的识别和准确获取存在一定的困难。可以用标准化的 IDM 生成 MVD 模型提高 BIM 模型的灵活性和稳定性。针对建筑绿色性能分析数据的多样性和信息共享存在的问题,XML 标准能够较好地实现建筑绿色性能分析数据的共享,对 IFC 在建筑绿色性能分析中共软件互操作性差的问题,也可尝试将 IFC 标准数据转换成 XML 格式提高互操作性。

MVD(Model View Definition)是基于 IFC 标准的子模型,这个子模型定义所需要的信息由面向的用户和所交换的工程对象决定。模型视图定义是建筑信息模型的子模型,是具有特定用途或者针对某一专业的信息模型,包含本专业所需的全面部信息。生成子模型 MVD 时首先要根据需求制定信息交付手册(information delivery manual),一个完整的 IDM 应包括流程图(process map)、交换需求(exchange requirements)和功能组件(functional parts),其制定步骤可以概括为三步:①确定应用实例情况的说明,明确应用目标过程所需要的数据模型;②模型交换信息需求的收集整理和建立模型,从另一方面说,第一步的案例说明可以包括在模型交换需求收集和建模中,与其相对应的步骤就是明确交换需求(exchange requirements),交换需求是流程图(process map)在模型信息交换过程中的数据集合;③在明确需求的基础上更加清晰地定义交换需求、流程图或者功能组件中所包含的信息,然后将这些信息映射成为 IFC 格式的 MVD 模型。

(三)绿色建筑数据标准 XML

建筑信息模型(BIM)技术能够很好地解决建筑信息共享存在的困难,IFC 作为当前主流的 BIM 标准,其数据格式能够存储建筑工程各专业的工程信息。但是,仍然有一些建筑绿色性能分析软件与 IFC 格式文件的互操作性较差。

▶▶ 1. XML 标准阐述

绿色建筑标准 XML 旨在促进建筑信息模型的互操作性,能够使不同的建筑设计和工程分析工具间具有良好的互操作性能。XML 则主要是针对 BIM 建模工具与建筑能耗分析工具间的互操作性,一些常见的 BIM 工具和分析软件均支持 XML 标准,XML 标准是基于可扩展 XML(Extensible Markup Language)语言为基础,XML 计算机语言在软件间进行信息共享过程中尽可能地减小人为因素的干扰。

因此,绿色建筑数据交换标准最终目的是用以实现建筑绿色性能数据在不同分析工具之间共享,实现模型的整合,由于 XML 格式数据包含详细的建筑绿色性能相关的信息,能够直接在分析工具中进行分析。

通过对 XMLV 6.01 版本标准整理,它共包含 346 个元素和 167 个数据类型,这些元素和类型基本上涵盖了建筑的几何形状、环境、建筑空间分割、系统设备和人员的作息。其中典型的节点元素有:园区(campus)、照明系统(lighting system)、建筑(building)、空间(space)、层(layer)、材质(material)、窗类型(window type)、分区(zone)、地理位置(location)、年作息元素(schedule)、周作息元素(week schedule)、历史档元素(document history)等。

XML 标准与 IFC 标准在对建筑构件信息的表达方式不尽相同,在对模型空间信息的解析均是通过 site/campus(场地)、building(建筑)、layer(楼层)、element(构件)等方式进行分解表达,在对建筑设备信息的表示方面 XML 标准则是以水、电、暖分别进行表示,IFC 标准中是通过抽象实体 Ifc Distribution System 或 Ifc Distribution Element 表示。基于两种标准在对建筑构件信息表达方面有相同之处又有不同之处,全部实体并不都是一一对应关系。

▶▶ 2. XML 与绿色建筑信息模型

绿色建筑信息标准 XML 可提高建筑信息模型的共享,使不同的建筑设计和工程分析软件之间具有互操作性,简化设计过程和提升设计精度,设计更加节能的建筑产品。

XML 标准建立的绿色建筑分析模型,以 Compus 元素为根节点,关联 Building 元素和场地元素,建筑元素关联楼层和空间元素,建筑楼层和空间元素之间由 Building Story Id 进行关联。构件材质信息和位置气象信息由 Construction 和 Weather 描述,建筑设备系统通过 Air Loop、Lighting System 等元素描述。根据前面章节的介绍可知,XML 标准是基于可扩展的 XML 语言,只进行信息的描述而不表示信息的彼此关系。每一个 Surface 元素都包含 Rectangular Geometry 和 Planar Geometry 两方面的几何信息,目的是验证从其他软件传递的信息的正确性。Rectangular Geometry 通过 4 个坐标点定义一个曲面,而每一个坐标点通过(x,y,z)三维坐标表示。为选取窗构件为样例说明 XML 中窗的表达方式,首先由 Rectangular Geometry 确定位置起点,Planar Geometry 定义所有的坐标位置。通过对 XML 标准中建筑信息分解和表达方式的分析,结合 XML 标准建立的建筑绿色性能分析模型可用于建筑能耗、光、风、日照时长、采光等相关性能分析等因素,建立基于 XML 标准的简化绿色建筑信息模型,XML 元素为模型根节点,对建筑场地设施、材质信息、建筑所处气候信息、建筑暖通空调等元素关联。

(四)BIM 模型与绿色建筑分析软件互操作性问题

互操作性的定义指"不同的功能单元中以一定的方式进行数据传输、转换和准确执行能力",在 AEC 行业中互操作性的定义是"在不同参与者间进行数据管理和交换信息模型的能力",本书中的互操作性是指建筑信息模型能够无缝地与绿色建筑分析软件共享。目前就建筑信息模型与绿色建筑分析软件信息间几个典型的互操作问题在 AEC 行业已经明确。基于 BIM 技术绿色建筑分析的主要障碍就是 BIM 模型与绿色分析软件间互操作性问题,限制 BIM 模型与绿色建筑分析软件互操作性的原因是开放的数据标准。

IFC 标准能够将建筑全生命周期信息和项目所有参与专业人员集成到一个建筑信息模型中协同工作,IFC、XML 标准理论上可以提高 BIM 模型的互操作性,两种标准具体标准的数据架构,为传递建筑信息模型中几何信息和空间信息提供参考。在 3D 模型的信息共享中,IFC、XML 标准建筑信息模型是采用开源的数据标准清晰表示建筑信息。但是,IFC 标准在解决建筑全生命周期中全部信息互操作性问题仍有局限性,不能很好支持多种产品级别的建筑信息。

IFC 标准和 XML 标准在绿色建筑分析互操作方面的问题主要表现在以下几个方面:①IFC 标准数据架构覆盖各种建筑信息,同时也伴随着信息冗余问题。②不同公司 BIM 软件有各自的功能集合,提供了多种方式定义相同的建筑构件及其关系,因此在信息共享时如何定义建筑构件带来一定困难。③XML 标准在建筑绿色性能信息共享方面提供了一个可靠方法,但目前主流 BIM 建模工具不能完全支持 XML,且导出 XML 文件时对模型要求较高,导出流程可操作性较差。④各 BIM 软件开发者均拥有各自的一整套文件交互标准,不同公司的软件均不是采用统一开放的数据格式。

目前,XML 是 AEC 行业中主流的通用数据标准,一定程度上提高了建筑信息模型的互操作性。但是,实际工程应用过程中互操作性问题引起分析结果错误时有发生,在绿色建筑分析过程中全面运用 XML 标准仍很困难且结果的准确性很难验证。因此,有必要对基于 IFC、XML 标准的建筑信息模型与绿色建筑分析软件之间的信息传递进行分析,确定建筑信息丢失或产生信息传递错误的内容及探讨建筑绿色性能分析结果的准确。第四章将展开绿色建筑信息模型与绿色建筑分析软件之间互操作性研究。

第三节　绿色 BIM

生命周期(life cycle)的概念,应用非常广泛,可以将该概念解释为"从摇篮到坟墓"(cradle to grave)的过程,简而言之则表示来自大自然,最终又归于自然的这一全过程,相较于产品而言,则是表示既有原料收购、加工等这一生产过程,亦有产品储存、运输等这一流通过程,还有产品的使用过程,还有产品荒废回到自然的过程,因而以上从头至尾的全过程就形成了一套完备产品的生命周期。建筑物作为一种特殊的产品,自然也有自身的生命周期。绿色建筑的基本概念是在建筑的全生命周期内,尽可能地维护自然资源、力图环保,减少污染,从而来为人们营造一个与自然和谐相处的舒适、健康、高效的建筑空间。绿色建筑研究的生命周期包括规划、设计、施工、运营与维护,向上扩展到材料的生产和原料,向下扩展到拆除与回收利用。建筑对资源和环境的影响在全生命周期中则相对侧重其在时间上的意义。从规划设计之初到接下来的施工建设、运营管理，直到拆除都体现了建筑设计是不可逆的过程。由于人们对建筑全生命周期的重视，因此在规划设计阶段中则会利用"反规划"设计手段来对周边条件分析，减少人类开发活动的工程量，在建筑投入使用后仍能提供满足需求的活动场所，而且能减少其在拆除后对周边环境所带来的危害。

一、绿色建筑的相关理论研究

(一)绿色建筑的概念

目前，在我国得到专业学术领域和政府、公众各层面上普遍认可的"绿色建筑"的概念是由建设部发布的《绿色建筑评价标准》中给出的定义，即"在建筑的生命周期内，最大限度地节约资源（节能、节地、节水、节材）、保护环境和减少污染，为人们提供健康、适用和高效的使用空间，与自然和谐共生的建筑"。

绿色建筑相对于传统建筑的特点：①绿色建筑相比于传统建筑，采用先进的绿色技术，使能耗大大降低。②绿色建筑注重建筑项目周围的生态系统，充分利用自然资源，光照、风向等，因此没有明确的建筑规则和模式。其开放性的布局较封闭的传统建筑布局有很大的差异。③绿色建筑因地制宜，就地取材。追求在不影响自然系统的健康发展下能够满足人们需求的可持续的建筑设计，从而节约资源，保护环境。④绿色建筑在整个生命周期中，都很注重环保可持续性。

(二)绿色建筑设计原则

绿色建筑设计原则概括为地域性、自然性、高效节能性、健康性、经济性等原则。

›› 1.地域性原则

绿色建筑设计应该充分了解场地相关的自然地理要素、生态环境、气候要素、人文要素等方面，并对当地的建筑设计进行考察和学习，汲取当地建筑设计的优势，并结合当地的相关绿色评价标准、设计标准和技术导则，进行绿色建筑的设计。

▶▶ 2.自然性原则

在绿色建筑设计时,应尽量保留或利用原本的地形、地貌、水系和植被等,减少对周围生态系统的破坏,并对受损害的生态环境进行修复或重建,在绿色建筑施工过程中,如有造成生态系统破坏的情况下,需要采用一些补偿技术,对生态系统进行修复,并且充分利用自然可再生能源,如光能、风能、地热能等。

▶▶ 3.高效节能原则

在绿色建筑设计体形、体量、平面布局时,应根据日照、通风分析后,进行科学合理的布局,以减少能源的消耗。还有尽量采用可再生循环、新型节能材料,和高效的建筑设备等,以便降低资源的消耗,减少垃圾,保护环境。

▶▶ 4.健康性原则

绿色建筑设计应全面考虑人体学的舒适要求,并对建筑室外环境的营造和室内环境进行调控,设计出对人心理健康有益的场所和氛围。

▶▶ 5.经济原则

绿色建筑设计应该提出有利于成本控制的、具有经济效益的、可操作性的最优方案,并根据项目的经济条件和要求,在优先采用被动式技术前提下,完成主动式技术和被动式技术相结合,以使项目综合效益最大化。

(三)绿色建筑设计目标

目前,对绿色建筑普遍认同的认知是,它不是一种建筑艺术流派,不是单纯的方法论,而是相关主体(包括业主、建筑师、政府、建造商、专家等)在社会、政治、文化、经济等背景因素下,试图进行的自然与社会和谐发展的建筑表达。

观念目标是绿色建筑设计时,要满足减少对周围环境和生态的影响;协调满足经济需求与保护生态环境之间的矛盾;满足人们社会、文化、心理需求等结合环境、经济、社会等多元素的综合目标。

评价目标是指在建筑设计、建造、运营过程中,建筑相关指标符合相应地区的绿色建筑评价体系要求,并获取评价标识。这是当前绿色建筑作为设计依据的目标。

(四)绿色建筑设计策略分析

绿色建筑在设计之前要组建绿色建筑设计团队,聘请绿色建筑咨询顾问,并让绿色咨询顾问在项目前期策划阶段就参与到项目,并根据《绿色建筑评价标准》进行对绿色建筑的设计优化。绿色建筑设计策略如下。

1.环境综合调研分析

绿色建筑的设计理念是与周围环境相融合,在设计前期就应该对项目场地的自然地理要素、气候要素、生态环境要素人工等要素进行调研分析,为设计师采用被动适宜的绿色建筑技术打下好的基础。

2.室外环境绿色建筑在场地设计时

应该充分与场地地形相结合,随坡就势,减少没必要的土地平整,充分利用地下空间,结合地域自然地理条件合理进行建筑布局,节约土地。

3.节能与能源利用

①控制建筑体形系数,在以冬季采暖的北方建筑里,建筑体型系数越小建筑越节能,所以可以通过增大建筑体量、适当合理地增加建筑层数、或采用组合体体形来实现。②建筑围护结构节能,采用节能墙体、高效节能窗,减少室内外热交换率;采用种植屋面等屋面节能技术可以减少建筑空调等设备的能耗。③太阳能利用,绿色建筑太阳能利用分为被动式和主动式太阳能利用,被动式太阳能利用是通过建筑的合理朝向、窗户布置和吊顶来捕捉控制太阳能热量;而主动式太阳能利用是系统采用光伏发电板等设备来收集、储存太阳能来转化成电能。④风能的利用,绿色建筑风能利用也分为被动式和主动式风能利用,被动式风能利用是通过合理的建筑设计,使建筑内部有很好的室内室外通风;主动式风能利用是采用风力发电等设备。

4.节水与水资源利用

①节水,采用节水型供水系统,建筑循环水系统,安装建筑节水器具,如节水水龙头、节水型电器设备等来节约水资源。②水资源利用,采用雨水回收利用系

统,进行雨水收集与利用。在建筑区域屋面、绿地、道路等地方铺设渗透性好的路砖,并建设园区的渗透井,配合渗透做法收集雨水并利用。

▶▶ 5. 节材与材料利用

采用节能环保型材料,采用工业、农业废弃料制成可循环再利用的材料。

▶▶ 6. 室内环境质量

进行建筑的室内自然通风模拟、室内自然采光模拟、室内热环境模拟、室内噪声等分析模拟。根据模拟的分析结果进行建筑设计的优化与完善。

二、BIM 技术相关标准

BIM 技术的核心理念是,基于三维建筑信息模型,在建筑全生命周期内各个专业协同设计,共享信息模型,提高工作效率。为了方便相关技术、管理人员共享信息模型,大家需要统一信息标准,BIM 标准可以分成三类:分类编码标准、数据模型标准、过程标准。

(一)分类编码标准

分类编码标准是规定建筑信息如何进行分类的标准,在建筑全生命周期中会产生大量不同种类的信息,为了提高工作效率,需要对信息进行的分类,开展信息的分类和代码化就是分类编码标准不可缺少的基础技术。现在我国采用的分类编码标准,是对建筑专业分类的《建筑产品分类和编码》和用于成本预算的工程量清单计价规范《建设工程清单计价规范》。

(二)数据模型标准

数据模型标准是交换和共享信息所采用的格式的标准,目前国际上获得广泛使用的包括 IFC 标准、XML 标准和 CIS/2 标准,我国采用 IFC 标准的平台部分作为数据模型的标准。①IFC 标准是开放的建筑产品数据表达与交换的国际标准,其中 IFC 是 Industry Foundation Classes 的缩写。IFC 标准现在可以被应用到整个的项目全生命周期中,现今建筑项目从勘察、设计、施工到运营的 BIM 应用软件都支持 IFC 标准。②XML 是 The Green Building XML 的缩写。XML

标准的目的是方便在不同 CAD 系统的,基于私有数据格式的数据模型之间传递建筑信息,尤其是为了方便针对建筑设计的数据模型与针对建筑性能分析应用软件及其对应的私有数据模型之间的信息交换。③CIS/2 标准是针对钢结构工程建立的一个集设计、计算、施工管理及钢材加工为一体的数据标准。

(三)过程标准

过程标准是在建筑工程项目中,BIM 信息的传递在不同阶段、不同专业产生的模型标准。过程标准主要包含 IDM 标准、MVD 标准及 IFD 标准。

三、BIM 在设计阶段应用软件介绍

(一)Autodesk Auto CAD Civil 3D

Autodesk Auto CAD Civil 3D 是用于场地设计的 BIM 软件,在建筑设计前期场地的气候、地貌、周围的建筑、周围现有交通、公共设施都影响了设计的决策。所以对建筑场地的模型的建立与分析成为必要,因而借助 BIM 强大的数据收集处理特性为场地提供了更加科学的分析和更精确的导向性计算的基础,BIM 可以作为可视化和表现现有场地条件的有力工具,捕获场地现状并转化为地形表面和轮廓模型,以作为施工调度活动的基础。GIS 技术可以帮助设计者对不同场地特性及选择场地的建设方位。通过 BIM 与地理信息系统 GIS 的配合使用,设计者可以精确地对场地和拟建建筑在 BIM 平台的组织下生成数据模型,为业主、建筑师及工程师确定最佳的选址标准。

运用 BIM 进行场地分析的优势:通过量化计算与处理,以确定拟建场地是否满足项目要求,技术因素和金融因素等标准。模拟还原场地周围环境,便于设计师进行场地的设计,建立场地模型,科学分析场地高程等情况,为建筑师进行建筑选址提供了科学的依据。

通过场地模型建立,模拟场地平整,尽量降低土地的平整费用。使用阶段:数据采集、场地分析、设计建模、三维审图集及协调、施工场地规划、施工流程模拟。支持格式:DWG 等常用格式。

(二)Autodesk Revit

Autodesk Revit 是基于开发 BIM 软件。Autodesk Revit 可以帮助专业设计和施工人员使用协调一致的基于模型的方法,将设计创意从最初的概念变为现实的构造。Autodesk Revit 是一个综合性的应用程序,其中包含适用于建筑设计、MEP 和结构工程及工程施工的各项功能。

》》1.建筑设计工具

Autodesk Revit 可以按照建筑师和设计者的意图进行设计,从而开发出质量和精确度更高的建筑设计。查看功能以了解如何使用专为支持建筑信息建模(BIM)工作流而建的建筑设计工具,捕捉并分析设计概念,并在设计、文档制作和施工期间体现设计理念。

》》2.结构设计工具

Autodesk Revit 软件是面向结构工程设计公司的建筑信息建模(BIM)解决方案,提供了专用于结构设计的各种工具。查看 Revit 功能的图像,包括改进结构设计文档的多领域协调能力、最大限度地减少错误及提高建筑项目团队之间的协作能力。

》》3.MEP 设计工具

Autodesk Revit 软件为机械、电气和管道工程师提供了多种工具,可设计最为复杂的建筑系统。查看图像以了解 Revit 如何支持建筑信息建模(BIM),从而有助于促进高效建筑系统的精确设计、分析及文档制作,适用于从概念到施工的整个周期。

使用阶段:阶段规划、场地分析、设计方案论证、设计建模、结构分析、三维审图集及协调、数字建造与预制件加工、施工流程模拟。支持格式:DWG,JPEG,GIF 等常用格式。

(三)Autodesk Eco tect

Autodesk Eco tect 软件是一个全面的、从概念到细节进行可持续建筑设计的工具。Autodesk Eco tect 提供了广泛的性能模拟和建筑节能分析功能,可以提高现有建筑和新建建筑的设计性能。它也是在线资源、水和碳排放分析能力整合工具,使用户能可视化地对其环境范围内建筑物的性能进行模拟。其主要功能有以下几点。

》》 1.建筑整体的能量分析

用气象信息的全球数据库来计算逐年、逐月、逐天和逐时的建筑模型的总的能耗和碳排放量。

》》 2.热性能

计算模型的冷热负荷和分析对入住率、内部得益与渗透及设备的影响。

》》 3.水的使用和成本评估

评估建筑内外的用水量。

》》 4.太阳辐射

可视化显示任意一个时段窗户和外围护结构面的太阳辐射量。

》》 5.日照

计算模型上的任意一点的采光系数和照度水平。

》》 6.阴影和反射

显示相对于模型在任何日期、时间和地点的太阳的位置和路径。

除此之外,Autodesk Eco tect 还有自然通风、声学分析等使用阶段:场地分析、环境分析、能源分析、照明分析等。

第四章　BIM 项目管理

第一节　BIM 项目管理的定义

一、项目管理的定义

项目是指一系列独特的、复杂的并相互关联的活动,这些活动有着一个明确的目标或目的,必须在特定的时间、预算、资源限定内,依据规范完成。项目参数包括项目范围、质量、成本、时间、资源。

项目管理简称 PM,是项目的管理者,在有限的资源约束下,运用系统的观点、方法和理论,对项目涉及的全部工作进行有效管理的方式。

项目管理具有以下属性。

(一)项目的一次性

一次性是项目与其他重复性运行或操作工作最大的区别。项目有明确的起点和终点,没有可以完全照搬的先例,也不会有完全相同的复制。项目的其他属性也是从这一主要的特征衍生出来的。

(二)过程的独特性

每个项目都是独特的。或者其提供的产品或服务有自身的特点;或者其提供的产品或服务与其他项目类似,然而其时间和地点,内部和外部的环境,自然和社会条件有别于其他项目,因此项目的过程总是独一无二的。

(三)目标的确定性

项目必须有确定的目标:①时间性目标,如在规定的时段内或规定的时点之前完成。②成果性目标,如提供某种规定的产品或服务。③约束性目标,如不超过规定的资源限制。④其他需满足的要求,包括必须满足的要求和尽量满足的要求。

目标的确定性允许有一个变动的幅度,也就是可以修改。不过一旦项目目标发生实质性变化,它就不再是原来的项目了,而将产生一个新的项目。

(四)活动的整体性

项目中的一切活动都是相关联的,必须根据具体项目各要素或专业之间的配置关系构成一个整体,不能孤立地开展项目各个专业或专业独立管理。多余的项目活动是不必要的,同样,缺少某些活动也必将损害项目目标的实现。

(五)组织的临时性和开放性

项目班子在项目的全过程中,其人数、成员、职责是在不断变化的。某些项目班子的成员是借调来的,项目终结时班子要解散,人员要转移。参与项目的组织往往有多个,它们通过协议或合同及其他社会关系组织到一起,在项目的不同时段介入项目活动。可以说,项目组织没有严格的边界,是临时性的、开放性的,这一点与一般企事业单位和政府机构组织很不一样。

(六)成果的不可挽回性

项目的一次性属性决定了项目不同于其他事情可以试做,做坏了可以重来;也不同于生产批量产品,合格率达 99.99% 是很好的了。项目在一定条件下启动,一旦失败就永远失去了重新进行原项目的机会。项目运作相对而言有较大的不确定性和风险性。

二、BIM 项目管理的定义

(一)BIM 项目管理的概念

BIM 项目管理是以建筑工程项目的各项相关信息数据作为基础,建立三维的建筑模型,通过数字信息仿真模拟建筑物所具有的真实信息。它具有信息完备性、信息关联性、信息一致性、可视化、协调性、模拟性、优化性与可出图性这八大特点。其中,信息完备性、信息关联性和信息一致性的概念如下。

➤➤ 1.信息完备性

除了对工程对象进行 3D 几何信息和拓扑关系的描述,还包括完整的工程信息描述,如对象名称、结构类型、建筑材料、工程性能等设计信息;施工工序、进度、成本、质量及人力、机械、材料资源等施工信息;工程安全性能、材料耐久性能等维护信息;对象之间的工程逻辑关系等信息。

➤➤ 2.信息关联性

信息模型中的对象是可识别且相互关联的,系统能够对模型的信息进行统计和分析,并生成相应的图形和文档。如果模型中的某个对象发生变化,与之关联的所有对象都会随之更新,以保持模型的完整性和准确性。

➤➤ 3.信息一致性

在建筑寿命期的不同阶段模型信息是一致的,同一信息无须重复输入,而且信息模型能够自动演化,模型对象在不同阶段可以简单地进行修改和扩展而无须重新创建,避免了信息不一致的错误。

(二)BIM 项目管理的优势

BIM 项目管理能够解决传统项目管理中的很多不足,如项目管理缺少必要的沟通、应用局限于施工领域、监理项目管理服务发展缓慢、忽视项目全寿命周期的整体利益、不利于精细化和规范化管理、造价分析数据细度不够等。BIM 项目管理的优势有 11 条,具体表述如下:①通过建立 BIM 模型,能够在设计中最大限度地满足业主对设计成果的细节要求(业主可以以任何一个视角观看设计产品的详细构造,可以小到一个插座的位置、规格、颜色等),业主在设计过程中可在线随时提出修改意见,从而使精细化设计成为可能。②工程基础数据如量、价等数据可以实现准确、透明及共享,能完全实现全周期、全过程对资金风险及盈利目标的控制。③能够对投标书、进度审核预算书、结算书进行统一管理,并形成数据对比。④能够对施工合同、支付凭证、施工变更等工程附件进行统一管理,并对成本测算、招投标、签证管理、支付等全过程造价进行管理。⑤BIM 数据模型能够保证各项目的数据动态调整,方便追溯各个项目的现金流和资金状况。⑥根据各项目的形象进度进行筛选汇总,能够为领导层更充分地调配资源、进行决策创造有利条件。⑦基于 BIM 的 4D 虚拟建造技术能够提前发现在施工阶段可能出现的问题,并逐一修改,提前制定应对措施。⑧能够在短时间内优化进度计划和施工方案,并说明存在的问题,提出相应的方案用于指导实际项目施工。⑨能够使标准操作流程"可视化",随时查询物料及产品质量等信息。⑩利用虚拟现实技术实现对资产、空间管理及建筑系统分析等技术内容,从而便于运营维护阶段的管理应用。⑪能够对突发事件进行快速应变和处理,快速准确掌握建筑物的运营情况,如对火灾等安全隐患进行及时处理,减少不必要的损失。

总体上讲,BIM 项目管理可使整个工程项目在设计、施工和运营维护等阶段都能够有效地实现建立资源计划、控制资金风险、节省能源、节约成本、降低污染和提高效率。应用 BIM 项目管理,能改变传统的项目管理理念,引领建筑信息技术走向更高层次,从而大大提高建筑项目管理的发展水平。

三、BIM 项目管理的工作模式与实施规划的关系

(一)基于 BIM 的集成化管理模式

BIM 技术自出现以来就迅速覆盖了建筑的各个领域。《全国建筑业信息化发展规划纲要》提出:要促进建筑业软件产业化,提升企业管理水平和核心竞争能力;全面提高行业信息化水平,重点推进建筑企业管理与核心业务信息化建设和专项信息技术的应用。根据本节前面关于传统项目管理和 BIM 项目管理的介绍,可以体现出 BIM 在弥补传统项目管理不足中的突出作用,尤其是 BIM 技术可以轻松地实现项目集成化管理,这不仅符合政策导向,也是发展的必然趋势。

传统的项目管理模式即"设计—招投标—建造",将设计、施工分别委托不同单位承担。设计基本完成后通过招标选择承包商,业主和承包商签订工程施工合同和设备供应合同,由承包商与分包商和供应商单独订立分包及材料的供应合同并组织实施。业主单位一般指派业主代表负责有关的项目管理工作。施工阶段的质量控制和安全控制等工作一般授权监理工程师进行。

(二)BIM 项目管理的工作模式

引入 BIM 技术后,项目管理将从建设工程项目组织、管理的方法和手段等多

个方面进行系统的变革,实现理想的建设工程信息积累,从根本上消除信息的流失和信息交流的障碍。

BIM 项目管理中含有大量的工程相关信息,可为工程数据提供巨大的后台支撑,可以使业主、设计院、顾问公司、施工总承包、专业分包、材料供应商等众多单位在同一个平台上实现数据共享,使沟通更为便捷、协作更为紧密、管理更为有效,革新传统的项目管理模式。

基于 BIM 的项目管理模式是项目创建信息、管理信息、共享信息的数字化方式。

(三)BIM 项目管理工作模式对实施规划的积极作用

传统的项目管理模式即"设计—招投标—建造"模式,将设计、施工分别委托不同单位承担。因此在项目管理的衔接、沟通、数据共享等方面都有所欠缺,导致项目管理会对项目实施规划产生一定消极的影响。

项目的实施规划是指导 BIM 应用和实施工作的纲领性文件,确定 BIM 工作任务的流程,确定项目各参与方之间的信息交互,并描述支持 BIM 应用需要项目和公司提供的服务和任务。内容包括 BIM 项目实施的总体框架和各目标的详细流程、信息交互,并且提供各类技术相关信息。

引入 BIM 技术后,建设工程的项目管理将从多个方面进行系统的变革,实现理想的建设工程信息积累,从根本上消除信息的流失和信息交流的障碍。这种革新传统的项目管理模式对 BIM 项目实施规划有非常积极的作用,从本质上使项目实施规划进入高效和低失误的模式。

第二节　BIM 项目管理的内容

一、BIM 协议

BIM 协议、雇主的信息要求和 BIM 项目管理的实施规划技术,是 BIM 制定和协调设计整个过程中的关键因素。这三个因素共同存在是实现 BIM 项目成功的关键,也是成功实现项目任用、专业赔偿保险和合同文件的重要基础。

BIM 协议的目的是通过采用协调一致的方式在 BIM 工作中最大限度地提高

生产效率。它还被用于确定在整个项目中提供高质量数据和统一绘图输出的标准和最佳做法。

BIM 协议对于确保数字 BIM 文件的结构正确至关重要,这有利于实现内部和外部 BIM 环境中跨学科团队进行高效的合作和数据共享。

每个 BIM 项目必须有效且拥有自己的 BIM 协议,并且由于建筑项目的独特性,每个 BIM 协议都只适合特定的项目。

BIM 协议包含的内容可简单理解为模型组合图的确定。特定 BIM 参与者所执行的 BIM 计算机辅助设计(CAD)标准必须依附于其他所有参与者一起遵循的标准,这个标准是由所有参与者通过详细分析项目共同模式制定的,供其他顾问、建筑师和设施经理使用。

BIM 协议规定了每个项目都具有自己独特的组织和结构方式,为项目团队提供了一个路线图,以便了解特定项目 BIM 流程目标及模型如何组装的规定。此外,BIM 协议为新的团队成员提供了更容易理解和参与复杂模型结构和处理过程的方法。

BIM 协议并不是在重组合同关系或代替完整的建筑项目协议,它只是作为建筑合同的附录,由各种顾问及其他设计师制定。尽管如此,BIM 协议解决了非常重要的设计、数据和流程问题,这些问题必须在项目开始时确定。

典型的 BIM 协议文档将包含:①项目介绍。②项目中 BIM 的应用情况总规划。③协议合同文件的优先权。④应考虑的其他相关文件。⑤BIM 信息管理者的详细信息。⑥BIM 协调员的细节。⑦雇主的资料要求。⑧以简单的方式显示所有相关方,为 BIM 流程、义务、角色和责任及所需交货时间表提供有机图。⑨BIM项目管理的实施规划。⑩工程信息模型(PIM)和资产信息模型(AIM)的细节。⑪模型细节(LOD),涉及模型的图形内容。⑫信息层次(LOI),涉及模型的非图形内容。⑬在信息传递规划(MPDT)中列出项目开发过程关键阶段"数据丢失"的细节。⑭常见数据环境。⑮详细介绍合作工作的程度和公开规范的应用等。⑯协议文件中使用的术语的定义。⑰使用的软件的详细信息。⑱显示不同类型软件的矩阵,必须提供每种类型软件之间的文件交换的方法。⑲从一位顾问到另一位顾问移交程序的细节。⑳模型组合图,允许每个团队成员了解如何排列 BIM 模型。㉑项目文件结构,如果项目共享,项目的文件结构和安全协议需要明确规定。㉒数据安全和备份的详细信息。当保留 BIM 数据的记录副本时,应列出数据安全级别和备份的标准,并将其发布给相应的负责人。安全级别因项目而异,军事或政府项目可能有较多的安全措施,而其他项目则需要较少的安全措施。然而,在所有 BIM 项目的合作中,一个项目参与者在没有获得正确和有效的权限时,是不能改变其他参与者所进行的工作内容的,这对于参与者来说很重要。㉓协调配置的常用关键数据。需要说明的是,各方都需要遵守关键数据的规定,以确保模型的兼容性。

如果关键数据(如成本、程序)与建筑要素相关联,则还需要另外说明。需要阐明该数据如何及在何处创建新的对象或元素及由谁创建。协议需要定义模型添加或删除图层的权限拥有者及如何添加或删除图层的过程,还应该列出管理和记录模型变更的方法。BIM 使所有参与者都能够同时工作,而不是遵循传统的工作流程顺序,因此,参与者要求更改和授予权限的正式方法的设定将允许跟踪更改并对任何延迟更改负责(其中可能会影响到项目进度)。随着项目的推进,协议可能需要修改,因此,需要有一个审查议定书的协议,修改并通知所有有关各方,它应该定义好谁能应用 BIM 模型,谁可以修改数据及一旦被并入 BIM 模型谁可以查看 BIM 模型但不能修改 BIM 模型。关于版权和知识产权,协议需要规定如何向其他参与者授予许可。该协议还应处理与 BIM 模型有关的责任限制(如果有的话)及一方可能对另一方的数据和模式的依赖程度。

BIM 协议是否是合同文件显然是协议中需要解决的重要问题。为了避免各种法律诉求,当事人可能要求 BIM 协议是合同文件。

建筑业协会(CIC)发布的 BIM 协议(CIC BIM 议定书)。CIC BIM 协议声称适用于所有二级 BIM 项目。这是一个七页的补充法律协议,可以通过增加一个示范性的修正案,纳入专业服务约定、建筑合同、分包合同和运维协议。它确定了应用 BIM 模型的具体义务、责任和权限,并可由客户应用 BIM 来规定特定的工作实践。CIC 警告说,今后进入三级 BIM(创建一个单一的在线项目模型,具有构件排序、成本和寿命周期管理信息)可能会引起非常多且迥异的责任和版权问题,所以开发一种新的 BIM 协议是将来的工作之一。

CIC BIM 议定书是一份明确的合同文件,优先于现有 BIM 协议。议定书第2.1 条规定:"如果本议定书的条款与本协议所记载组成的任何其他文件之间发生冲突或不一致,除非议定书另有规定,否则本议定书的条款有优先权。"

因此,在签署 CIC BIM 议定书或任何其他施加合同义务的 BIM 协议之前,各方将需要咨询其保险公司,以确认通过签署 BIM 协议,他们不接受未经保险的合同义务或责任。

鉴于 BIM 协议的重要性,在任命 BIM 协议管理员之前,将协议及其附录提供给所有相关方是非常重要的。此外,需要注意的一点是,对 BIM 协议或其附录的更改被视为合同的变更,遵循合适的变更控制程序。

成功的 BIM 项目取决于严格遵守商定的标准(即软件、数据存储、数据检索等的标准)。显然,除非有一个明确的 BIM 协议指出,几乎不可能遵守所有要求的标准。但是,随着参与者越来越多地习惯于他们的工作,他们对标准的监督就会越来越少。然而,当 BIM 首次应用于项目时,必须对其所需的标准进行最有力的监督,以确保成功采用新的工作方法。

即使在单一的做法中,如果不遵守商定的标准,许多工作人员现有的工作模式可能很快都变得不可用;当 BIM 模式在单一实践之外被其他人应用时,这种缺乏遵守标准的风险就会变得更大,因此更为重要的是要遵守所要求的标准。

显然,当 BIM 模型由所有参与方共享时,商定的标准需要符合每个参与方的适用标准。为了满足这种需要,标准都是基于通用或通用标准文件。

二、雇主信息要求(EIR)

雇主信息要求(EIR)与项目基本情况介绍的重要性是相当的。EIR 通常是 BIM 项目责任人任命和招标文件的一部分。

项目基本情况定义了雇主希望交付的建筑资产的性质,EIR 定义了雇主希望交付的建筑资产的详细信息,以确保根据雇主需要开发设计,并且高效顺利地开展业务。

EIR 定义了在每个项目阶段需要生成的模型,并列出了该阶段所需的模型的定义和详细程度。这些模型是可交付成果的关键,有助于在项目关键阶段进行有效的决策。

EIR 的内容涵盖以下三个主要领域。

(一)科技

软件平台的细节、细节等级的定义。

（二）管理

与 BIM 项目有关的管理流程细节。

（三）商业

BIM 模型可交付成果的细节、数据丢失的时间和信息的定义。

三、BIM 项目管理实施规划

在项目交付过程中，为有效引进 BIM，项目组应当在项目的初期制订一个 BIM 项目管理实施规划，这一点很重要。该规划需要包括项目组在整个项目过程中需要遵循的整体目标和实施细节。规划通常在项目的开始阶段就要明确下来，以便指定的新项目团队加入后能更好地适应项目。

BIM 项目管理实施规划有利于业主和项目团队记录达成一致的 BIM 说明书、模型深度和 BIM 项目流程。主合同应当参考 BIM 项目管理实施规划从而确定项目团队在提供 BIM 交付成果中的角色和职责。

制定 BIM 项目管理实施规划后，业主和项目团队能够清楚地理解项目实施 BIM 的战略目标；理解他们在模型创建、维护和项目不同阶段的角色和职责；设计一个能实施的 BIM 项目管理实施规划流程、规划内容、模型深度和提交模型质量及时间；为整个项目过程的进度测定提供参考基础及确定合同需要的其他服务。

BIM 项目管理实施规划应包含：项目信息；BIM 目标和应用；每个项目成员的角色、人员配备和能力；BIM 流程和策略；BIM 交互协议和提交格式；BIM 数据要求；处理共享模型的协作流程和方法；质量控制；技术基础设备和软件等内容。

BIM 项目管理实施规划在整个项目寿命周期内都需要持续更新，增加新信息，满足不断变化的项目需求，如在项目后期有新项目参与人加入。BIM 项目管理实施规划的更新需经业主同意或其指定的 BIM 经理同意，且不能与主合同的条件相冲突。

BIM 项目管理实施规划用于管理项目的交付。其主要包括两部分内容：BIM 项目管理实施规划合同草案和 BIM 项目管理实施规划正式合同。

(一)BIM 项目管理实施规划的合同草案

合同草案是由潜在供应商准备的合同,合同阐明了他们能够满足 EIR 的能力和方法。合同草案应包括:①项目实施计划(PIP),阐述潜在供应商招标项目的能力和经验及质量文件。②协作和信息建模的理论目标。③项目规划要求。④可交付的战略成果。

(二)BIM 项目管理实施规划的正式合同

合同一旦被签订,中标的供应商就会再提交一份合同草案后的实施规划正式合同,确认实施能力并提供一个项目负责人信息。

BIM 项目管理实施规划的正式合同规定了雇主信息要求所需信息的提供方式,通常涉及:管理角色、责任和权限;符合项目规划的项目里程碑;可交付战略成果及调查策略;现有遗留数据应用;批准信息和授权流程;修订 PIP 确认实施的能力;商定协作和建模的流程及责任矩阵;TIDP 规定每个供应商交付信息的责任;MIDP 规定项目准备阶段,由谁和应用什么协议和程序传递信息;文件及层命名约定;图纸模板、注释尺寸、缩写和符号;文件交换格式、流程和数据管理系统。

四、信息模型

在基础设施全寿命周期管理过程中,会产生大量信息需要管理。一般的组织机构会采取两种信息管理策略:工程信息模型和资产信息模型。然而,信息在两种策略之间进行数字交付和反馈修改时,会产生重复、错误、不可获取等问题。要实现有效的信息管理,就要保证信息能在基础设施全寿命周期管理各个阶段实现移动、共享,即所有信息能集中在一个数字化模型上,从而实现信息的互操作性,这样才能解决工程信息模型和资产信息模型之间信息交互的问题。

相应的信息模型包括 PIM(project information model,工程信息模型)和 AIM(asset information model,资产信息模型)两种。

工程信息模型是根据我国建筑行业发展情况和实际需要,基于 IFC 标准,在建筑几何模型的基础上,通过将几何信息和工程信息相结合,建立起来的更高层次的模型。该模型采用 Express 数据定义语言,数据定义遵循 IFC 标准中的数据定义规范,模型中包括几何、拓扑、几何实体、人员、成本、建筑构件、建筑材料等工程信息。这些信息采用面向对象的方法、模块化的方式加以组织,具有完整而严密的数据结构,便于计算机对数据进行分析和整理。

资产信息模型(AIM)的基础是资产全寿命周期管理的各项系统,将其中的管理理念与先进的 BIM 技术相结合,进行分析与优化,包含采购、维护和处置资产的一种信息模型。

比如,致力于在工程的全生命周期内利用信息模型进行设计、分析、施工建造和运营的 Bentley 公司,其涵盖的领域多为实践中的市政工程、城市基础设施和建筑信息模型。具体的解决方案包括用于设计和建模的 Micro Station 平台、用于团队协作和工作共享的 Project Wise 平台及用于资产运营的 Asset Wise 平台。Micro Station 是面向公用事业系统、城市交通、建筑、通信网络、城市基础设施等类型工程的建模信息软件;Project Wise 是工程信息管理和项目协同工作软件,针对基础设施项目的建造、工程、施工和运营进行设计和建造开发的项目协同工作和工程信息管理;Asset Wise 是资产信息管理平台,可提供基础设施资产运营所需的应用程序和在线服务。

五、模型细节(LOD)和信息层次(LOI)

模型细节(LOD)和信息层次(LOI)是指建筑资产的 BIM 模型的发展水平。LOI(Level of Information)定义了每个阶段需要细节的多少。LOD 涉及模型的图形内容,LOI 与模型的非图形内容有关。在现实中,两者是密切相关的。

LOD 英文称作 Level of Details,也叫做 Level of Development。描述了一个 BIM 模型构件单元从最低级的近似概念化的程度发展到最高级的演示级精度的步骤。LOD 的定义可以用于两种途径:确定模型阶段输出结果及分配建模任务。

模型阶段输出结果(phase outcomes):随着设计的进行,不同的模型构件单元会以不同的速度从一个 LOD 等级提升到下一个。例如,在传统的项目设计中,大多数的构件单元在施工图设计阶段完成时需要达到 LOD300 的等级,同时在施工阶段中的深化施工图设计阶段大多数构件单元会达到 LOD400 的等级。但是有一些单元,例如墙面粉刷,永远不会超过 LOD100 的层次。即粉刷层实际上是不需要建模的,它的造价及其他属性都附着于相应的墙体中。

任务分配(task assignments):在三维表现之外,一个 BIM 模型构件单元能包含非常大量的信息,这个信息可能是多方来提供的。例如,一面三维的墙体或许是建筑师创建的,但是总承包方要提供造价信息,暖通空调工程师要提供 U 值和保温层信息等。为了解决信息输入多样性的问题,美国建筑师协会文件委员会提出了"模型单元作者"(MCA)的概念,该作者需要负责创建三维构件单元,但是并不一定需要为该构件单元添加其他非本专业的信息。

在一个传统项目流程中,模型单元作者(MCA)的分配极有可能是和设计阶段一致的——设计团队会一直将建模进行到施工图设计阶段,而分包商和供应商将会完成需要的深化施工图设计建模工作。然而,在一个综合项目交付(IPD)的项目中,任务分配的原则是"交给最好的人",因此在项目设计过程中不同的进度点会发生任务的切换。例如,一个暖通空调的分包商可能在施工图设计阶段就将作为模型单元作者来负责管道方面的工作。

2LOD 被定义为 5 个等级,从概念设计到竣工设计,已经足够来定义整个模型过程。但是,为了给未来可能会插入等级预留空间,定义 LOD 为 100～500。具体的等级如下。

100——conceptual 概念化。

200——approximate geometry 近似构件(方案及扩初)。

300——precise geometry 精确构件(施工图及深化施工图)。

400——fabrication 加工。

500——as－built 竣工。

LOD 100——等同于概念设计,此阶段的模型通常为表现建筑整体类型分析的建筑体量,分析包括体积、建筑朝向、每平方米造价等。

LOD 200——等同于方案设计或扩初设计,此阶段的模型包含普遍性系统,包括大致的数量、大小、形状、位置及方向。LOD 200 模型通常用于系统分析及一般性表现目的。

LOD 300——模型单元等同于传统施工图和深化施工图层次。此模型已经能很好地用于成本估算及施工协调,包括碰撞检查、施工进度计划及可视化。LOD 300 模型应当包括业主在 BIM 提交标准里规定的构件属性和参数等信息。

LOD 400——此阶段的模型被认为可以用于模型单元的加工和安装。此模型更多地被专门的承包商和制造商用于加工和制造项目的构件包括水暖电系统。

　　LOD 500——最终阶段的模型表现的项目竣工的情形。模型将作为中心数据库整合到建筑运营和维护系统中去。LOD 500 模型将包含业主 BIM 提交说明里制定的完整的构件参数和属性。

　　在 BIM 实际应用中,的首要任务就是根据项目的不同阶段及项目的具体目的来确定 LOD 的等级,根据不同等级所概括的模型精度要求来确定建模精度。可以说,LOD 做到了让 BIM 应用有据可循。当然,在实际应用中,根据项目具体目的的不同,LOD 也不用生搬硬套,适当的调整也是无可厚非的。

　　BIM 模型中的细节水平随着项目的进行而增加,首先通常基于现有信息,然后从简单的设计意图模型开发到详细的虚拟模型构建,然后是模型操作。

　　模型的不同方面可能以不同的速度发展。因此,重要的是,雇主在 BIM 协议、EIR 或模型生产和交付中定义项目开发阶段所需的详细信息表(附加到协议或 EIR)。这不仅可以确保开发设计具有足够的细节保证,而且可以确保开发设计需要的信息的准确性。

　　模型细节和信息层次的级别通常在项目的关键阶段定义,并且在信息交换发生后,仍然允许雇主验证项目信息是否符合其要求,并决定是否能够进入下一个阶段。这类似于常规项目的阶段报告。

　　目前,关于数据丢失的时间安排或模型细节和信息层次的水平并没有标准化的定义,除了建议将其与雇主决策点对齐,并应在所有约定中保持一致之外。

六、常见数据环境(CDE)

　　常见数据环境(CDE)是项目的单一信息来源。它用于收集、管理和传递文档,包括整个项目团队的图形数据和非图形数据(即所有项目信息,无论是在 BIM 环境中创建的还是以常规数据格式创建的信息)。创建单一信息来源有助于项目团队成员之间的协作,并有助于避免重复和错误。

　　CDE 在管理过程中主要用于收集和传递多学科团队之间的模型数据和文档。它提供了一种实现协作工作环境的方法。CDE 可以通过服务器、外部网或基于文件的检索系统来实现。

　　CDE 内的信息所有权仍然是相关部分的发起者。这意味着不同项目团队成员构建的个人模型不会相互影响——它们具有明确的作者身份并保持分开,而且通过将模型纳入联合模型,发起人的责任不会改变。然而,随着项目的推进,所有权的变化(例如,用专门的分包商对象替换设计团队对象),CDE 也可能会出现其他问题。

BIM 信息管理者应该建立和管理 CDE。它本质上是一个程序性的守门员,管理 CDE 以确保它符合商定的协议、数据的安全性。为了有效利用 CDE,所有项目团队成员都必须严格遵守约定的程序。

通常认为,雇主应该主持构建 CDE,因为他们将在委任负责人和承包商之前生成项目信息,有时甚至在 BIM 信息经理任命之前。如果没有在项目信息生成之前构建好 CDE,那么应该将应用的信息以与在项目后期阶段存储信息的方式一致的方式进行存储。此外,CDE 中记录的信息最终将被雇主用于建筑物的运营维护。因此,如果雇主主持构建 CDE,也可以帮助避免信息从一个组织转移到另一个组织时可能发生的问题。

在设计和施工阶段,CDE 是 PIM 的构成基础;在移交给雇主或使用者时,CDE 形成了 AIM。由此可见,信息是在整个资本交付阶段建立起来的,一旦交付成果完成,所有信息都应在 CDE 的"已发布"部分公布。

CDE 中的信息可以具有各种状态级别,但通常会有四个主要信息状态,并且签发过程允许信息从一个区域传递到下一个区域。

正在进行区域用于保存每个组织的未经批准的信息;共享区域信息已经过检查、审查和批准,可以与其他组织共享;发布区域信息已被客户或其代表(通常是首席设计师)确认;存档区域用于记录每个项目里程碑的进度及所有交易和变更单。

第三节　BIM 项目管理的工作岗位

通常情况下,建筑公司的职务主要由三部分构成,即项目经理(M)、项目建筑师(A)、项目设计师(D)。都是根据不同专业的专业领域明确划分的工作岗位。而现在,随着 BIM 技术及整合设计的出现,人们所熟悉的 SD、DD 等传统项目阶段已经被归并,以前的工作岗位和职责也随着取消。

BIM 是建筑业的一种创新性技术,具有常见创新性技术的突破性和颠覆性特性,此外它还具有不同于一般的创新性技术的学习曲线效应,导致现有建筑业各相关行业的人员还不能很快过渡到 BIM 环境中,由此应运而生了一些新的工作岗位和角色。

一、BIM 信息管理员

BIM 协议通常要求雇主任命一名 BIM 信息管理员。这项任命可能(并且经常会)在项目过程中发生变化。例如,首席设计师或首席工程师可能是早期阶段的 BIM 信息管理员。信息管理员不是 BIM 协调员,不对冲突检测或模型协调负责。信息管理员本质上是一个程序化的守门员,管理模型、公共数据环境和关联的进程,以确保它们遵循协议,并且所保存的数据是安全的。

BIM 信息管理员的作用有以下 5 点:①建立常见数据环境,在项目期间维护和验证信息流。②启动和实施项目信息计划和资产信息计划,规定每个项目团队成员的信息计划责任,并确保软件平台允许数据验证和设计主管协调信息。③为项目的所有信息建模问题提供协调。④确保项目 BIM 模型的组成部分已经获得批准和授权,并在共享前和发布前批准通过。⑤确保项目 BIM 模型的组成部分符合雇主信息传递计划。

此外,BIM 信息管理员将对用户访问项目 BIM 模型及协调提交单个设计并将其集成到项目 BIM 模型的任务负有责任。

BIM 信息管理员应保存数据信息及其提交人员的信息,并根据需要记录数据信息是否按照规范和约定的程序提交。BIM 信息管理员还应负责数据信息的安全并对数据信息存档。BIM 信息管理员在领导数据信息协调设计过程中的作用不是主管设计师,因为信息管理员主要负责的是信息管理、信息交互,遵守商定的程序。

基于以上表述,显而易见,BIM 信息管理员是项目成功实施 BIM 的关键角色。因此,BIM 信息管理员需要担任高级管理职务,以确保其具有必要的权力和全面的领导支持。此外,BIM 信息管理员这一职位必须是一个明确定义的专门职位,而且这一职位的管理员需要与对 BIM 有浓厚兴趣的其他专业人士进行交流。BIM 信息管理员需要获得 BIM 项目授权,为实现项目的 BIM 目标做出决定,并需要定期提供状态更新。

BIM 信息管理员需要在项目组中确定,该成员要对项目组的其他成员进行任务分配和责任明确。通常情况下,BIM 信息管理员需要确定文件、文件格式及交换方法;确定模型的建造原点、定期对模型进行审查和质量检查等。

在 BIM 应用过程中需要牢记一点,BIM 是一个涉及来自不同背景的团队成员合作(建筑师、工程师、承包商等)的过程,所以,成功的 BIM 信息管理员需要了解每个团队成员如何与 3D BIM 项目模型进行交互,并对每个独立的团队成员进行分析。因此,这是一个非常苛刻的角色。然而,BIM 信息管理员不应该过分参与 BIM 技术方面,因为 BIM 信息管理员所面临的挑战是利用计算机技术知识来应用 BIM,并将其与更大的技术关联,而不是技术的实践应用。

在与团队成员沟通和协作方面,BIM 信息管理员与其他管理员最大的区别就是,他或她必须是一个很好的沟通者,只有实现各团队成员的有效沟通,才能确保每个团队成员都朝着同一个方向前进。此外,由于 BIM 可能会影响项目的每一个方面,因此 BIM 信息管理员还需要成为一名优秀的老师或大使,以培养他人在 BIM 应用过程中的合作能力,特别要考虑到项目参与者理解水平的不同。

二、BIM 模型管理员

BIM 模型管理员的职位描述取决于其在团队工作中的专业。如,建筑专业的 BIM 模型管理员负责协调和管理建筑设计团队的参考模型。每个 BIM 模型管理员都有其职位要求,每个专业都有自己的 BIM 模型管理员,如建筑、结构、MEP、室内设计、土木和场地设计、景观设计和特色设计(如实验室)等。

BIM 模型管理员的主要职责:①与业主方 BIM 应用协调人协调项目范围内的相关培训。②与业主团队及项目 IT 人员协调建立数据共享服务器。包括与 IT 人员配合建立门户网站、权限设定等。③负责整合相关协调会所需的综合设计模型。综合设计模型是基于设计视角构建的模型,包括了建筑、结构、MEP 等完整设计信息,与施工图信息一致。④对设计方 BIM 模型的建模质量控制和检查。⑤推动 BIM 综合设计模型在设计协调会议的应用。⑥与业主团队合作协调 BIM 综合设计模型及数据交换流程、关键时间等。⑦负责 BIM 综合设计模型的构建与维护,确保项目建成(as-built)信息及时在模型中更新。⑧确保 BIM 综合设计模型在施工协调和碰撞检查会议的有效应用,提供软碰撞和硬碰撞的辨识和解决方案。

BIM 模型管理员是建设项目管理由传统 CAD 技术向 BIM 技术转换过程中的关键角色之一,应具备以下能力。

(一)BIM 软件操作能力

BIM 模型管理员应该具有掌握一种或若干种 BIM 软件应用的能力,这是 BIM 模型生产工程师、BIM 信息应用工程师和 BIM 专业分析工程师三类职业必须具备的基本能力。

(二)BIM 模型应用能力

BIM 模型管理员应该具有使用 BIM 模型对工程项目不同阶段的各种任务进行分析、模拟、优化的能力,如方案论证、性能分析、设计审查、施工工艺模拟等,这是 BIM 专业分析工程师需要具备的关键能力。

三、BIM 协调员

BIM 协调员在项目的 BIM 应用过程中起着重大的作用。BIM 协调员可以由雇主直接任命,但为避免设计责任,通常情况下,BIM 协调员应根据现有设计参与者通过潜在环路任命的方式任命。

BIM 协调员本质上具有设计角色、负责模型协调和冲突检测的职能。通常,模型协调和冲突检测是首席设计师进行设计协调活动的一部分,因此,在委任 BIM 协调员时,需要非常慎重。

BIM 协调员的主要职责包括:①模型检查协调,并记录模型中存在的问题。②记录不同来源的模型信息,确保模型信息是可互操作并且最新的。③确保每个组织已经发布了在 BIM 协调计划中确定的每个重要里程碑阶段模型的版本。④记录和监测共享数据和模型之间的关系(例如,网格、楼层、共享项目坐标)。⑤确定并同意任何共享的技术基础设施需求、软件包互操作性要求及每个团队成员用于交付 BIM 项目的标准。⑥管理文件交换及共享。⑦协调 BIM 执行规划中商定里程碑的模型和数据交接、碰撞检测,使用冲突检测软件识别和记录不同学科模型之间的冲突。⑧质量检查,建立质量控制程序,以检查所有模型是否准确,细节水平是否符合标准。

第五章 BIM 项目管理的应用

第一节 BIM 项目管理的全寿命周期应用

按照每个阶段的活动特点,建筑设施从无到有将分别经历项目前期决策、设计、施工和运营维护四个大的阶段。

在前期决策阶段,业主将对项目的类型、用地范围、运作方式、投资水平、社会环境影响等重大问题进行选择与决策。

进入设计阶段,将依据前期的决策进行勘探和设计,产生施工与管理的依据与指导文档。通常情况下,该阶段又分为方案设计、初步设计与施工图设计三个细分阶段。方案设计是概念性的,这一阶段将确定项目的整体框架,体现建筑艺术、功能、成本之间的平衡关系,具有较高的创造性,该阶段设计活动对项目投资的影响度高达 95%;初步设计是技术性的,通过大量的计算完成建筑、结构、设备等专业构件的设计与布置,解决相关专业之间的协调问题;施工图设计则更多体现为操作性,注重设计成果的可施工性与项目建成后的可运行性,要解决大量的构造细节问题,这一阶段的工作量大,但是其创造性较小。

进入施工阶段,核心目标是按照设计图纸在预先计划和预算控制下完成并交付建造对象,该阶段将有大量的企业或组织参与项目实施,项目管理的重点是对质量、进度、造价进行有效控制,防范各种风险发生。

在建筑设施的寿命周期中,最后一个阶段是运营维护阶段,这一阶段所占的时间最长,花费也是最高,虽然运维阶段如此重要但是所能应用的数据与资源却是相对较少。传统的工作流程中,设计、施工建造阶段的数据资料往往无法完整地保留到运维阶段,例如建设途中多次的变更设计,但此信息通常不会在完工后妥善整理,造成运维上的困难。BIM 项目管理的出现,让建筑运维阶段有了新的技术支持,大大提高了管理效率。

一、BIM 项目管理在前期决策阶段的应用

项目前期决策一直是项目有效执行的基石。在项目成功实施和应用 BIM 方面,这一步骤仍然是至关重要的。

(一)BIM 在建设项目初步拟订时的应用

建设开发单位在建设项目前,将面临一些问题:首先,建设开发单位在初步拟订地址,通过市场调研及分析得到的初步开发设想与实际开发项目通常大相径庭。因为设想是凭空的,在项目寿命周期中不断地被赋予信息,不断地细化开发设想。那么在这期间的改动通常会改变开发意图,从商业写字楼项目转向住宅项目,超高层建筑不得不减半建设等都是在建设行业中不可避免的。

其次,建设初期,建设开发单位会考虑:有多少钱,花多少钱,赚多少钱。这时准确地定位项目尤为重要,也许有人会说"有多少钱"是不可改变的,但一般的建设项目通常不是一个人、一个企业单独完成的,融资、合作是建设开发的必经之路。那么更好更快地抓住投资人的目光,更切实地对投资回报率进行说明是需要建设项目初期考虑的问题。

另外,在开发项目的初期,主要任务是建设项目的论证,对开发项目进行策划,对项目的营销进行策划,此时涉及项目的方向定位,需要地产企业内部的各个部门共同参与,包括财务部、项目发展部、营销部、设计部、成本部、工程部、项目部、销售部、客户中心、物业公司等部门。而参与部门和人员分管不同的专业领域,在项目可行性的分析阶段,方案不断地调整,当其中某一个专业领域的数据做出了调整,其他部门的数据也要相应地更新,而没有一个良好的信息沟通载体和平台,是建设项目开发前期遇到的首要问题。

BIM 技术对这些问题有着很好的解决作用,信息资源的同步、模拟功能的数据统计等都可以在前期的方案阶段对管理细节的改善起着不小的作用。例如,Ecotect Analysis 日照分析系统,通过对项目方案建模,真实地反映建筑在地块中的定位,快速地得到日照间距,甚至通过全年的太阳轨迹统计,对建筑坐标、朝向等进行论证。

BIM 的信息资源共享,也可以解决项目工作中各个专业部门信息更新速度不快的问题。BIM 的信息资源共享,各个部门均通过网络服务对中央服务器中的BIM 模型及信息进行更新,保证各个部门拿到的都是第一手资料。同时,各个阶段的协同设计也更让管理工作变得准确。这给常规的管理模式带来的是一场革命,管理的思维方式、流程均发生不小的变化,然而信息的平台统一,也使决策和配合变得更加快速和流畅。

(二)BIM 在项目可行性分析中的应用

》》 1.可行性分析

作为投资决策前必不可少的关键环节,可行性分析是在前一阶段的项目建议书获得审批通过的基础上,主要对项目市场、技术、财务、工程、经济和环境等方面进行精确系统、完备无遗的分析,完成包括市场和销售、规模和产品、厂址、原辅料供应、工艺技术、设备选择、人员组织、实施计划、投资与成本、效益及风险等的计算、论证和评价,选定最佳方案,依此就是否应该投资开发该项目及如何投资,或就此终止投资还是继续投资开发等给出结论性意见,为投资决策提供科学依据,并作为进一步开展工作的基础。

可行性分析的内容包括:①全面深入地进行市场分析、预测。调查和预测拟建项目产品在国内、国际市场的供需情况和销售价格;研究产品的目标市场,分析市场占有率;研究确定市场,主要是产品竞争对手和自身竞争力的优势、劣势及产品的营销策略,并研究确定主要市场风险和风险程度。②对资源开发项目要深入研究,确定资源的可利用量、资源的自然品质、资源的赋存条件和开发利用价值。③深入进行项目建设方案设计,包括项目的建设规模与产品方案、工程选址、工艺技术方案和主要设备方案、主要原材料或辅助材料、环境影响问题、项目建成投产及生产经营的组织机构与人力资源配置、项目进度计划、所需投资进行详细估算、融资分析、财务分析、国民经济评价、社会评价、项目不确定性分析、风险分析、综合评价等。

》》 2.建筑行业的可行性分析

建筑行业的可行性分析是指:在土地资源和市场分析基础上,通过建设规模、项目产品方案、主要采用的建筑材料和工艺、项目的投资回报、投资额及投资时长、对周圈产生的社会效益等的研究和论证,拟订项目建设方向。对于建设单位,前期确定得越多、越准确,后期带来的收益越大越可控。以商业地产为例,前期应该进行把控的几个方面。作为一个商业地产项目来说,在地段和规划指标确定以后,影响项目收益的有以下几点内容。

(1)建筑的外观与性能

建筑的外立面效果是建筑的直接观察点,对于外界因素的整体影响、地标性其至租售价格都相互关联。这时需要考虑的是区域类别、区域功能、面向租售群体的定位等。而绿色建筑也直接影响投资的多少,往往这个时候,为了达到政府审批,或者盲目追求效果,带来的是大投入小产出。设计院也因为市场化而求最大化的利润,往往建筑本身设计得"光鲜亮丽",却存在施工难度增加、投入增大、工期加长等隐患。所以,绿色建筑是必不可少的条件,最大限度地节约能源,既减少了投资,又保护环境、减少污染。

(2)租售与可利用面积

租售的状态直接影响着投资回报,从建筑出发,由合理的设计、面积的使用最大化、公摊面积的节约等入手是最直接的办法。在可研报告中可以不体现这些细节,但作为开发单位,应把这些细节落实到位,比如房间朝向、景观、商业的便利性与综合汇集等。

(3)能源效率

后期的维护与运营是建设项目寿命周期中时间最长的一部分,是持续性的能源消耗。机电设备需在达到最佳使用性能指标的前提下做到能源消耗最少。

(4)建筑信息留存

往往建筑物竣工后,剩下的资料不完整,经常会遇到局部水管突发断裂,找不到阀门,最后需要整体项目停止用水,整体泄水才能够维修。在项目融资时,也需要一套完整的、清晰的、准确的信息作为依据,往往信息不齐全的项目融资时价值评估不会很高。如今一般建筑信息有效果图、照片、CAD 图纸、工程资料、财务及预算表格等。

在实际项目开发前期的可行性研究阶段,以上的内容在管理中却很难把控。例如,建筑外立面材料的选择,玻璃幕墙、铝板幕墙、石材幕墙、二次结构的涂料幕墙等,首先确定项目产品是高档、中档、低档,然后根据材料不同、做法不同来比较差异。常规来说,此时没有准确的图纸依据,因此经常采用效果图的方式对效果进行对比,以经验数据对成本进行评估,对于材料做法、龙骨、玻璃厚度均无法考虑全面。

▶▶ 3. 应用 BIM 技术在项目可行性分析中的优势

BIM 建模通过渲染就能够等比例地显示建筑物在周围的环境中不同幕墙带来的不同效果,同时 BIM 建模时对幕墙的定义也可以采用构件的形式表达,龙骨、保温等材料也可较为详细地统计出来。这有助于建设项目早期的成本测算,决策人通过外形、成本、收益等综合判断可行性。

在项目前期决策阶段采用 BIM,可以减少可研阶段投资预算误差。对建筑模型进行分析,建立建筑模型方案,建模期间对建筑的基本构件进行对比确定,根据用地面积、建筑面积、外幕墙材料等信息,通过 BIM 模型中信息的录入,可自行分析建筑产品价值并形成数据。由此可以看出,BIM 的直观性可以更快速地了解设计方案,从模型中提取的信息以数据及图表的形式表达出来,减少了人为的误差,提高了方案阶段精细度和可研报告的可靠性。

从方案阶段开始接触 BIM、应用 BIM,是对项目确定应用 BIM 服务全过程条件下的一个必要开端。应用 BIM 作为建设项目的管理工具,本身就存在着这一特性,在前期方案阶段需要全面地考虑之后会发生的情况,造成前期设计面临着很大的工作量,但对比来讲,前期工作量的增加及采用 BIM 建模的设计费用增加是人力和智慧的投入,和施工阶段建材、人力等的拆改、变动带来的资金投入增加相比较,前期方案阶段的投入物超所值。

二、BIM 项目管理在设计阶段的应用

建设项目的设计阶段是整个寿命周期内最为重要的环节,它直接影响着建安成本及维运成本,与工程质量、工程投资、工程进度及建成后的使用效果、经济效益等方面都有着直接的联系。

从方案设计、初步设计到施工图设计是一个变化的过程,是建设产品从粗糙到细致的过程,在这个进程中需要对设计进行必要的管理,从性能、质量、功能、成本到设计标准、规程,都需要去管控。

设计阶段是 BIM 应用的关键阶段,并且由于项目可能采用不同的交付模式(DBB 模式、CM 模式及 IPD 模式等),设计阶段与后续的施工阶段并不是一成不变的首尾搭接关系;从项目组织上,不同参与方在不同的交付模式下也承担不同的职责、利益和风险;设计阶段实施的过程也会因项目交付方式不同而有所区别。在这里把辅助工程设计过程、提高工程设计质量的所有应用定义为设计阶段的应用。下面从以下几个方面详细介绍 BIM 在设计阶段的具体应用。

(一)可视化设计交流

可视化设计交流,是指采用直观的 3D 图形或图像,在设计、业主、政府审批、咨询专家、施工等项目参与方之间,针对设计意图或设计成果进行更有效的沟通,

从而使设计人员充分理解业主的建设意图,使设计结果最贴近业主的建设需求,最终使业主能及时看到他们所希望的设计成果,使审批方能清晰地认知他们所审批的设计是否满足审批要求。可视化设计交流贯穿于整个设计过程中,典型的应用包括可视化的设计创作与可视化的设计审查。

▶▶ 1. 可视化设计创作

设计创作是方案设计阶段的主要工作,是以建筑专业创作为核心,结构、设备等其他专业配合的集体创作过程。在这个过程中,可视化有两层含义,一层含义是设计人员(建模人员)与计算机之间的人机交互,通过 3D 可视化的人机交互界面,使设计人员在设计创作中更直观准确地把握设计结果与设计意图之间的关联;另一层含义是在不同专业的设计人员之间的可视化设计交流。例如,借助 3D 图形或图像,结构工程师可以清楚地理解建筑设计师的创作意图和建筑设计结果,从而能在设计结构构件的位置、形状与尺寸时满足建筑要求,建筑设计师也可以清晰地看到被包在建筑外皮中的结构构件形状、位置、尺寸是否满足建筑功能和美观要求。尤其是在形状特殊而复杂的建筑设计中,结构骨架是否足以支撑建筑设计意图是建筑创作成败的关键,在 2D 设计方式下判断这种关系是非常困难的,因此使用基于 BIM 的可视化设计交流在这类建筑中是必要的。

▶▶ 2. 可视化设计审查

可视化设计审查是在 BIM 设计的方案阶段或初步设计阶段,由业主、政府审批部门或咨询专家等作为审查方,利用可视化的方法对阶段性设计成果进行审查。方案设计审查主要审查设计方案在建筑功能、美观、结构方案等方面的设计成果,初步设计审查则主要针对技术方案、能源效率、造价等方面进行审查,对于国内的政府投资项目,初步设计审查是在初步设计完成后对初步设计成果进行的审查,是政府建设审批流程的必要步骤。可视化设计审查一般情况下以会议形式进行,会上将由设计方向与会人员介绍设计成果。其中,以 3D 方式展示设计成果是主要的介绍过程。

(二)设计分析

设计分析是初步设计阶段主要的工作内容,一般情况下,当初步设计展开之后,每个专业都有各自的设计分析工作,设计分析主要包括结构分析、能耗分析、光照分析、安全疏散分析等。这些设计分析是体现设计在工程安全、能源效率、节约造价、可实施性方面重要作用的工作过程。在 BIM 概念出现之前,设计分析就是设计的重要工作之一,BIM 的出现使得设计分析更加准确、快捷与全面。例如,针对大型公共设施的安全疏散分析,就是 BIM 概念出现之后逐步被设计方采用的设计分析内容。

》》1.结构分析

最早使用计算机进行的结构分析包括三个步骤,分别是前处理、内力分析、后处理。其中,前处理是交互式输入结构简图、荷载、材料参数及其他结构分析参数的过程,也是整个结构分析中的关键步骤,由于结构简图与荷载均需要人工准备与输入,所以该过程也是比较耗费设计时间的过程;内力分析过程是结构分析软件的自动执行过程,其性能取决于软件和硬件,内力分析过程的结果是结构构件在不同工况下的位移和内力值;后处理过程是将内力值与材料的抗力值进行对比产生安全提示,或者按照相应的设计规范计算出满足内力承载能力要求的钢筋配置数据,这个过程人工干预程度也较低,主要由软件自动执行。在 BIM 模型支持下,结构分析的前处理过程也实现了自动化:BIM 软件可以自动将真实的构件关联关系简化成结构分析所需的简化关联关系,能依据构件的属性自动区分结构构件和非结构构件,并将非结构构件转化成加载于结构构件上的荷载,从而实现了结构分析前处理的自动化。例如,由中国建筑科学研究院研发的 PKPM 系列软件,早在 20 世纪末就实现了大部分结构形式的结构分析自动化,推动了我国建筑结构设计的快速发展。

》》2.能源分析

能源效率设计通过两个途径实现能源效率目的,一个途径是改善建筑围护结构保温和隔热性能,降低室内外空间的能量交换效率;另一个途径是提高暖通、照明、机电设备及其系统的能效,有效地降低暖通空调、照明及其他机电设备的总能耗。能耗分析是能源效率设计的核心设计内容,是对建筑封闭空间内部产能设施能量产生与室内外能量交换的量化模拟,完整的能耗分析需要完善的 3D、BIM 模型的支持,包括由建筑构件分割的封闭空间、建筑外壳构件材料的隔热性能参数等模型信息。

>> 3.安全疏散分析

在大型公共建筑设计过程中,室内人员的安全疏散时间是防火设计的一项重要指标,室内人员的安全疏散时间受室内人员数量、密度、人员年龄结构、疏散通道宽度等多方面的影响,简单的计算方法已不能满足现代建筑设计的安全要求,需要通过安全疏散模拟,基于人的行为模拟人员疏散过程,统计疏散时间,这个模拟过程需要数字化的真实空间环境支持,BIM 模型为安全疏散计算和模拟提供了支持,已在许多大型项目上得到了应用。可视化设计交流是对设计分析结果的一种理想表达方式。

(三)协同设计与冲突检查

专业化是工业革命进步的重要标志,设计企业中专业的划分就体现了这种专业化的分工。在传统的设计项目中,各专业设计人员分别负责其专业内的设计工作,设计项目一般通过专业协调会议及相互提交设计资料实现专业设计之间的协调。在许多工程项目中,专业之间因为协调不充足出现冲突是非常突出的问题。有资料表明,施工过程中大量的设计变更源自设计图纸中不同专业构件和设施之间的空间冲突,大量的冲突一直拖延到施工就位时才被发现,这种现象在复杂的工程项目中是造成工程浪费、拖延工期的主要原因。在 CAD 技术支持和 2D 图纸基础上,设计阶段解决专业间的空间冲突问题需要较大的工作量查找冲突源,因此,国内许多工程项目将这一设计过程省略掉了,而由于多数业主对这种设计结果并不能及时了解,就造成了在施工过程中不断冲突、不断变更的常见现象。

BIM 为工程设计的专业协调提供了两种途径,一种是在设计过程中通过有效的、适时的专业间协同工作避免产生大量的专业冲突问题,即协同设计;另一种是通过对 3D 模型进行冲突检查,查找并修改冲突,即冲突检查。至今,冲突检查已成为人们认识价值的代名词,实践证明,BIM 的冲突检查已取得良好的效果。

>> 1.协同设计

如果设计团队中的全体成员共享同一个 BIM 模型数据源,每个人的设计成果及时反映到 BIM 模型上,则每个设计人员即可及时获取其他设计人员的最新设计,这样,各个专业之间形成了以共享的 BIM 模型为纽带的协同工作机制,有效避免专业之间因信息沟通不足而产生设计冲突。协同设计将改变基于 2D 技术的专业沟通方式,进而影响工程设计的组织流程,工程设计企业需要为这种基于 BIM 的协同设计提供更新的软硬件系统配置和技术培训,并采用新的项目管理方法,因而可能会在实施初期提高设计成本。在不同软件之间的数据共享是支持协同设计的关键因素,早在 IFC 的第一个版本发布时,国际协同联盟(IAI)就提出了这样的设想:IFC 作为各专业共享信息的数据交换格式,是公开的数据标准,不同品牌、不同功能的软件可以通过兼容这种数据格式支持数据共享。而在实际的商业环境下,由于涉及商业利益,在不同品牌的软件之间实现所提出的这种设想并不是一件简单的事情,而相同品牌软件之间的数据共享则比较可靠。

▶▶ 2.冲突检查

将两个不同专业的模型集成为一个模型,通过软件提供的空间冲突检查功能查找两个专业构件之间的空间冲突可疑点,软件可以在发现可疑点时向操作者报警,经人工确认该冲突,这是目前 BIM 应用中最常见的模型冲突检查方式。在设计过程中,冲突检查一般从初步设计后期开始进行,随着设计的进展,反复进行"冲突检查—确认修改—更新模型"的 BIM 设计过程,直到所有冲突都被检查出来并修正,最后一次检查所发现的冲突数为零,则标志着设计已达到 100% 的协调。一般情况下,由于不同专业是分别设计、分别建模的,所以,任何两个专业之间都可能产生冲突,因此,冲突检查的工作将覆盖任何两个专业之间的冲突关系。冲突检查过程是需要计划与组织管理的过程,冲突检查人员也被称作"BIM 协调工程师",他们将负责对检查结果进行记录、提交、跟踪提醒与覆盖确认。

(四)设计阶段造价控制

设计阶段是控制造价的关键阶段。在方案设计阶段,设计活动对工程造价影响能力高达 95%。理论上,我国建设项目在设计阶段的造价控制主要是方案设计阶段的设计估算和初步设计阶段的设计概算,而实际上大量的工程并不重视估算和概算,而将造价控制的重点放在施工阶段,错失了造价控制的有利时机。其主要原因是在传统设计方式下,设计业务与造价业务往往是两条相互独立的业务条线,设计与造价控制之间信息共享与协同工作不足,设计信息不能及时被造价人员共享,当造价人员进行估算或概算时,该阶段的设计工作往往已经趋于结束,即便估算或概算显示某项经济指标超出预期的投资目标,由于业主要考虑投资的时间效益和项目的整体进展,一般情况下,设计业务也很少会因此而返工修改。这种现象使得估算或概算成为"事后诸葛",形同虚设。

基于 BIM 模型进行设计过程的造价控制具有较高的可实施性。由于 BIM 模型中不仅包括建筑空间和建筑构件的几何信息,还包括构件的材料属性,可以将这些信息传递到专业化的工程量统计软件中,由工程量统计软件自动产生符合相应规则的构件工程量。这一过程基于对 BIM 模型的充分利用,避免了在工程量统计软件中为计算工程量而专门建模的工作,可及时反映与设计对应的工程造价水平,为限额设计和价值工程在优化设计上的应用提供了必要的基础,使适时的造价控制成为可能。

(五)施工图生成

设计成果中最重要的表现形式就是施工图,施工图是含有大量技术标注的图纸,在建筑工程的施工方法仍然以人工操作为主的技术条件下,2D 施工图有其不可替代的作用。BIM 的应用大幅度提升了设计人员绘制施工图的效率,但是,传统的 CAD 方式存在的不足也是非常明显的:当产生了施工图之后,如果工程的某个局部发生设计更新,则会同时影响与该局部相关的多张图纸,如一个柱子的断面尺寸发生变化,则含有该柱的结构平面布置图、柱配筋图、建筑平面图、建筑详图等都需要再次修改,这种问题在一定程度上影响了设计质量的提高。

BIM 模型是完整描述建筑空间与构件的 3D 模型,2D 图纸可以看作 3D 模型在某一视角上的平行投影视图。基于 BIM 模型自动生成 2D 图纸是一种理想的2D 图纸产出方法,理论上,基于唯一的 BIM 模型数据源,任何对工程设计的实质性修改都将反映在 BIM 模型中,软件可以依据 3D 模型的修改信息自动更新所有与该修改相关的 2D 图纸,由 3D 模型到 2D 图纸的自动更新将为设计人员节省大量的图纸修改时间。生成施工图也是优秀 BIM 建模软件多年来努力发展的主要功能之一,目前,BIM 软件的自动出图功能还在发展中,实际应用时还需人工干预,包括修正标注信息、整理图面等工作,其效率还不十分令人满意,相信随着软件的发展,该功能会逐步增强,工作效率会逐步提高。

CAD 的本意是用计算机辅助设计,几十年来,CAD 被设计企业积极采纳的主要原因是其对设计工作效率的大幅度提升能力。从上面的分析来看,设计阶段的 BIM 应用仍然保持了计算机辅助设计的基本功能,但是,BIM 主要提升的不是设计企业的生产效率,而是其服务产品的质量决定项目整体目标能否按计划实现的工程设计质量,BIM 发挥作用的方式也不再局限于每个设计人员应用一种软件所产生的效果,而是以项目主要参与方共享 BIM 模型,充分发挥 BIM 模型在可视化、可分析性、可计算性的多种能力为特征,这种特征改变了传统项目的设计过程,将多方协同工作的重要性凸显出来。

设计管理是为了更好地指导施工,而施工管理是为了更好地实施图纸,完成项目目标。施工阶段的设计管理是为了在实施过程中更好地了解设计意图,对施工、材料的工艺进行技术指导和支持。其中包括以下几个方面:①配合工程部门处理施工中出现的技术问题。②对施工过程中出现的图纸问题及时提供专业的技术支持,协调重大的设计变更,确保施工的问题得到及时有效的解决。③配合成本部门、工程部门对材料设备招投标进行技术把关并提出专业要求。

这段时期是采用 BIM 的第二阶段,由于 BIM 模型本身是随着项目的发展逐步成长的,项目处于什么阶段做什么阶段的 BIM 模型,想达到什么目的做什么目的的 BIM 模型,"前人栽树后人乘凉"(前面做的 BIM 模型后面可以继承发展)。此时,BIM 针对的是施工过程中的模拟与控制,对项目的建设周期、施工计划、施工组织设计等进行协调与制定。

在前期设计图纸过程中,如已经经过 BIM 的 MEP 管线综合碰撞检测,那么可以加快施工阶段中预留预埋的施工进程,使预留预埋的管线更加准确,对于精装工程的吊顶标高影响最小化。

三、BIM 项目管理在施工阶段的应用

建设项目施工过程的特点呈现综合性、动态性,对现场人员彼此间工作的配合性要求很高;建设项目本身又具有固定性、单件性、露天性、周期长等特征;在建设项目施工过程中涉及建筑、结构、水电等多个专业,需要监控的环节很多;现场管理人员需要协调考虑的内容繁琐,对管理人员的专业能力和综合素质要求高;现场需调配的资源众多,施工过程易发生突发事件,部分工作需要现场进行临时部署,对管理人员的应变能力要求较高。

为保证建设项目的顺利实施,项目技术人员需要具备丰富的经验,在厚厚的 CAD 图纸中读取工程信息,把虚拟的建筑变成现实的建筑,管理人员需要花费大量的时间和精力去对项目进行分解,形成施工管理文件、技术文件、施工组织方案等资料来组织施工。长期以来,这种管理模式存在的缺陷严重制约了施工管理的现代化;工程进度安排得不合理,经常导致工期拖延;技术交底得不全面,造成结

构之间碰撞,给工程质量留有隐患;生产组织协调得不合理,严重降低施工的效率;施工信息领悟得不全面,容易造成施工的盲目性,导致窝工或中途返工;安全管理的缺失,安全管理体系的不健全,现场布置杂乱,专业协调混乱,易发生安全事故。

下面从施工阶段的质量、成本、安全及进度四个方面说明 BIM 项目管理的应用。

(一)BIM 项目管理在工程项目质量管理中的应用

在项目质量管理中,BIM 通过数字建模可以模拟实际的施工过程和存储庞大的信息。对于那些对施工工艺有严格要求的施工流程,应用 BIM 除了可以使标准操作流程"可视化"外,也能够做到对用到的物料及构件需求的产品质量等信息随时查询,以此作为对项目质量问题进行校核的依据。对于不符合规范要求的,则可依据 BIM 模型中的信息提出整改意见。

同时,要注意到传统的工程项目质量管理方法经历了多年的积累和沉淀,有其实际的合理性和可操作性。但是,由于信息技术应用的落后,这些管理方法的实际作用得不到充分发挥,往往只是理论上的可能,实际应用时会困难重重。BIM 的引入可以充分发挥这些技术的潜在能量,使其更充分、更有效地为工程项目质量管理工作服务。

》》1. BIM 在质量控制系统过程中的应用

质量控制的系统过程包括:事前控制、事中控制、事后控制,而有关 BIM 的应用,主要体现在事前控制和事中控制中。

应用 BIM 的虚拟施工技术,可以模拟工程项目的施工过程,对工程项目的建造过程在计算机环境中进行预演,包括施工现场的环境、总平面布置、施工工艺、进度计划、材料周转等情况都可以在模拟环境中得到表现,从而找出施工过程中可能存在的质量风险因素,或者某项工作的质量控制重点。对可能出现的问题进行分析,从技术、组织、管理等方面提出整改意见,反馈到模型当中进行虚拟过程的修改,从而再次进行预演。反复几次,工程项目管理过程中的质量问题就能得到有效规避。用这样的方式进行工程项目质量的事前控制比传统的事前控制方法有明显的优势,项目管理者可以依靠 BIM 的平台做出更充分、更准确的预测,从而提高事前控制的效率。

BIM 在事前控制中的作用同样也体现在事中控制中。另外,对于事后控制,BIM 能做的是对于已经实际发生的质量问题,在 BIM 模型中标注出发生质量问题的部位或者工序,从而分析原因,采取补救措施,并且收集每次发生质量问题的相关资料,积累对相似问题的预判经验和处理经验,为以后做到更好的事前控制提供基础和依据。BIM 的引入更能发挥工程质量系统控制的作用,使得这种工程质量的管理办法更能够尽其责,更有效地为工程项目的质量管理服务。

▶▶ 2. BIM 在影响工程项目质量的 5 大因素控制中的作用

影响工程的因素有很多,归纳起来有 5 个方面,分别是人(man)、材料(material)、机械(machine)、方法(method)和环境(environment)。对这 5 大因素进行有效的控制,就能在很大程度上保证工程项目建设的质量。BIM 的引入在这些因素的控制方面有着特有的作用和优势。

(1)BIM 对现场人员的控制

现场人员是指直接参与工程施工的组织者、指挥者和操作者,现场人员在施工阶段的质量管理过程中起决定性作用,应避免现场人员的失误,充分调动现场人员的主观能动性,发挥人的主导作用,确保项目建设的质量。BIM 在施工阶段的应用,对处在质量管理关键位置的现场人员有积极的影响,提升了现场人员的兴趣,调动了大家的积极性,改变了现场质量管理的方式和人员分工。

对于项目的组织者和指挥者来说,掌握 BIM 技术并将其应用到施工阶段并不是一件困难的事情。利用 BIM 软件建立三维模型,将与建设项目相关的设计图纸、法律法规、技术标准、施工方案、施工组织设计、进度计划等信息与三维模型进行关联。组织者和指挥者通过 BIM 进行形象化的图纸会审,提高图纸会审的效率和准确性,避免因审图不详不能及时发现问题;同时,利用 BIM 进行三维场地布置、施工模拟、碰撞检查等,提前发现施工过程的质量问题,避免返工;通过 BIM 可视化技术对操作人员进行有针对性的质量培训,可以让现场人员提前预知项目表观质量要求,把握质量的实施标准,实现提升培训效率和学习效果的目的;另外,BIM 的三维可视化、可协调性、模拟性、优化性及可出图性等特点可以进一步增强大家质量管理的意识和责任心,调动大家的兴趣,发挥现场人员的主观能动性,使质量控制点更清晰。

BIM 改变了组织者和指挥者的工作方式,不再像以前那样拿着一大摞图纸和方案,在现场和办公室两个地方来回奔波,每天需要处理的事情太多,很多技术问题来不及思考,太多问题得不到现场确认和处理,信息之多以致于根本无暇顾及。这种传统的每个现场都要亲力亲为、事必躬亲的工作模式,不仅降低工作效率,而且也很容易造成管理上的涣散,使项目沟通出现障碍,产生质量问题。采用BIM后,现场管理人员可以手持移动终端,对任何部位的质量信息只需通过关联BIM模型,进行质量查认、对比、标注、拍照、上传等,质量管理方便而且及时,项目上层管理人员可以实时同步查询项目施工质量情况,并及时进行回复和批示,可以实现远程多方协同办公。

现场操作人员则在BIM的帮助下,可以进行三维施工模拟、构造节点施工分析、可视化技术交底、建筑漫游、多角度观察工程表观质量和施工技术操作方法及施工工艺流程等,形象立体的技术交底和培训学习有种身临其境的感觉,使操作人员不断提高自身技能,对现场施工环境和质量标准要求有更加清晰的认识,可以有效降低失误,很好地提高了现场人员的质量管理水平。

(2)BIM对材料、机械的控制

在质量管理中,对材料和机械进行控制是关键。一方面,材料作为建设项目的物质基础,是构成建设项目实体的组成部分,材料质量合格与否决定了项目质量能否达标。另一方面,机械作为建设项目施工的物质基础,是现代化施工中必不可少的设备,机械选用是否适用合理,也直接关系到项目质量的好坏。

利用BIM在挑选材料供应商阶段,通过对过去建设项目所用材料数据进行收集,掌握材料的信息,通过分析论证确定最优的材料供应商,保证材料从源头供应的质量安全;在材料进场阶段,通过BIM模型提供的材料清单和验收标准单据,方便快捷地依照规范标准要求,对进场材料实施检查验收,保证材料规格、型号、品种和技术参数等与设计文件相符,确保材料质量;在材料领取使用阶段,可以参照施工进度计划,提供材料明细表,确定材料用量,保证限额领料。将BIM和射频识别技术(RFID)结合,可以对建筑材料实施自动化实时追踪管理,对现场材料实施更加精准高效的管理。

将BIM应用到施工机械三维场地平面布置上,根据现场环境和施工工序,结合施工方法和工艺,合理确定施工机械的数量、型式和性能参数,确保选取到适用、先进、合理的机械,避免因机械选型不合理造成中途退场和质量问题。BIM无疑对合理组织材料采购供应、加工生产、运输保管、现场调度、追踪管理及机械的选取等质量管理方面提供了解决方案。

（3）BIM 对方法的控制

建设项目施工规模大，建设周期长，如果工程质量不能得到有效的保证，一旦出现失误，就会造成严重的经济损失。采取恰当的施工方法比如施工组织设计、施工方案、施工工艺、施工技术措施等，可以在保证施工质量的同时，还能加快项目施工进度和节省开支。依托传统技术无法验证施工方法在技术上是否可行、经济上是否合理、方法上是否先进，采用 BIM 可以对施工方法进行提前模拟，分析论证施工方法在项目质量管理上是否可行。

（4）BIM 对环境的控制

环境对项目质量的影响，可以概括为工程技术环境、劳动环境和工程管理环境的不断变化对工程项目质量的影响。BIM 通过建立三维模型优化场地布置，模拟施工现场作业区、生活区、办公区的工程技术环境和劳动环境，第三方动态漫游功能提前预知环境对项目质量的影响。利用信息协调和共享功能，及时协调因工程管理环境变化产生的影响，创造最佳的质量管理环境。

（5）BIM 在质量管理 PDCA 循环中的应用

PDCA 循环是通过长期的生产实践和理论研究形成的，是建立质量体系和进行质量管理的基本方法。BIM 的引入可以在很大程度上提升 PDCA 循环的作用效果，使其更好地为工程项目的质量管理服务。

①计划（plan）。BIM 的引入可以使项目的各个参与方在一个明确统一的环境下，根据其在项目实施中所承担的任务、责任范围和质量目标，分别制定各自的质量计划；同时，保证各自的计划之间逻辑准确、连接顺畅、配合合理；再将各自制订的质量计划形成一个统一的质量计划系统，并保证这一系统的可行性、有效性和经济合理性。

②实施（do）。BIM 由于其可视性强，所以有助于行动方案的部署和技术交底。由于计划的制定者和具体的操作者往往并不是同一个人，所以两者之间的沟通就显得非常重要。在 BIM 环境下进行行动方案的部署和交底，可以使具体的操作者和管理者更加明确计划的意图和要求，掌握质量标准及其实现的程序和方法。从而做到严格执行计划的行动方案，规范行为，把质量管理计划的各项规定和安排落实到具体的资源配置和作业技术活动中去，保证工程项目实施的质量。

③检查（check）。BIM 的引入可以帮助操作者对计划的执行情况进行预判。结合自己这一阶段的工作内容及 BIM 环境下的下一阶段计划内容，判断两者连接是否顺利顺畅、确定实际条件是否发生了变化、原来计划是否依然可行、不执行

计划的原因等。BIM 技术可以方便快捷地对工程项目的实际情况和预先的计划进行比较，清楚地找出计划执行中存在的偏差，判断实际产出的质量是否达到标准的要求。

④处理(action)。对于处理职能，BIM 的优越性主要体现在预防改进上，即：将工程项目目前质量状况信息反馈到管理部门，反思问题症结，确定改进目标和措施。可以在 BIM 模型上出现质量问题的地方进行批注，形成历史经验，以便更好地指导下一次的工程实践，为今后类似质量问题的预防提供借鉴。

(二)BIM 项目管理在工程项目成本管理中的应用

将 BIM 引入到施工阶段的成本管理上来，真正实现项目成本全过程管理。施工单位利用 BIM 可以有效实现自身在工程项目造价管理中的多维控制，可以根据多套标准和评价体系对工程造价的数据进行拆分、组合，合理利用。

在合约部分利用 BIM 对成本确认，根据与业主签订的合同和各项与业主沟通确认的成本文件进行工程价款的确定，并同时根据相关资料创建相关资料成本类的 BIM 模型，以确保 BIM 可以真实合理地表达施工单位与业主相关造价部分的内容，从而与业主进行工程进度款的支付申请和工程造价的结算。

在施工成本部分利用 BIM 进行自身成本的有效控制，根据自身施工方案和资料进行施工 BIM 的创建，同时根据项目实际情况进行模型的动态调整，并根据 BIM 的数据进行分析统计，确保材料计划的控制、限额领料、施工组织部署、施工产值统计等工作的准确进行。

另外，BIM 对成本管理将带来重大变革，比如可视化、动态化、系统性等。BIM 在造价方面的应用优势主要表现在：提高工程量计算的效率，可以将造价工程师从繁重的重复性劳动中解放出来，节省的时间和精力可以用到更具价值的地方；提高工程量计算的准确性，BIM 模型可以给造价人员提供更加客观真实的工程量信息，方便存储和调取，大大提高工作效率；提高施工阶段的成本控制能力，基于 BIM 的碰撞检查，可以确定好预留洞口的位置，避免二次开洞，节省项目开支。

(三)BIM 项目管理在工程项目进度管理中的应用

>> 1.模型构建

BIM 技术在进度管理中的应用主要通过 4D 虚拟施工来实现，具体步骤如下：①通过 3D 模型设计软件进行工程项目各专业模型的建立。②根据项目的资源限制和总工期需求，编制工程项目的进度计划，并应用进度管理优化方法，进行工期优化，得到项目优化工期和优化进度计划。③将 3D 模型的构件与进度表联系，形成 4D 模型以直观展示施工进程。一般通过两种方式实现：一是根据进度计划中各工作的开始、结束时间，给 3D 模型中的对应构件逐一附加时间值。二是将外部进度计划编制软件，如：Project，P6 等编制好的进度计划与 3D 模型相关联，也可生成 4D 模型，这种方法要求进度计划中的各工作名称与 3D 模型中的对应构件名称相同，计算机才能进行自动关联。

4D 模型建立好之后，在软件平台上 3D 模型就可以根据计划、实际完成情况来分别表示"已建""在建""延误"等模型形象。已建的模型用青色表示，在建的模型用紫色表示，同时在屏幕的左上方显示在建的时间，如果有必要的话，对于没有按计划施工的延误的模型，还可以用其他颜色来表示。这样的形象表达基本上不用专业的解释，绝大部分人都能看懂。清晰的沟通可以缩短沟通的时间，甚至减少沟通的次数，4D 虚拟施工就是"清晰"沟通的一个有效的方法。

施工进度计划的制定和执行都必须清楚整个施工流程、工程量的多少、人员的配置情况等。BIM 可以通过 4D 虚拟施工技术，给计划的制定、执行和调整都带来很大的改进。

2.进度计划制定

BIM 模型的应用为进度计划制定减轻了负担。进度计划制定的依据除了各方对里程碑时间点的要求和总进度要求外，重要的依据就是工程量。一般该工作由手工完成，烦琐、复杂且不精确，在通过 BIM 软件平台的应用后，这项工作简单易行。利用 BIM 模型，通过软件平台将数据加以整理统计，可精确核算出各阶段所需的材料用量，结合国家颁布的定额规范及企业实际施工水平，就可以简单计算出各阶段所需的人员、材料、机械用量，通过与各方充分沟通和交流建立 4D 可视化模型和施工进度计划，方便物流部门及施工管理部门为各阶段工作做好充分的准备。

3.进度计划控制

BIM 的应用使得进度计划控制有据可循、有据可控。在 BIM 的施工管理中，把经过各方充分沟通和交流建立的 4D 可视化模型和施工进度计划作为施工阶段工程实施的指导性文件。在施工阶段,各专业分包商都将以 4D 可视化模型和施工进度为依据进行施工的组织和安排,充分了解下一步的工作内容和工作时间,合理安排各专业材料设备的供货和施工的时间,严格要求各施工单位按图(模型)施工,防止返工、进度拖延的情况发生。

>> **4.进度计划调整**

BIM 的 4D 模型是进度调整工作有力的工具。当变更发生时,可通过对 BIM 模型的调整使管理者对变更方案带来的工程量及进度影响一目了然,管理者以变更的工程量为依据,及时调整人员物资的分配,将由此产生的进度变化控制在可控范围内。同时,在施工管理过程中,可以通过实际施工进度情况与 4D 虚拟施工的比较,直接了解各项工作的执行情况。当现场施工情况与进度预测有偏差时,及时调整并采取相应的措施。通过将进度计划与企业实际施工情况不断地对比,调整进度计划安排,使企业在施工进度管理工作上能全面掌控。

传统方法虽然可以对前期阶段所制定的进度计划进行优化,但是由于其可视性弱,不易协同及横道图、网络计划图等工具自身存在着缺陷,所以项目管理者对进度计划的优化只能停留在一定程度上,即优化不充分。这就使得进度计划中可能存在某些没有被发现的问题,当这些问题在项目的施工阶段表现出来时,对建设项目产生的影响就会很严重。

BIM 的进度管理是通过虚拟施工对施工过程进行反复的模拟,让那些在施工阶段可能出现的问题在模拟的环境中提前发生,逐一修改,并提前制定应对措施,使进度计划和施工方案最优,再用来指导实际的项目施工,从而保证项目施工的顺利完成。

(四)BIM 项目管理在工程项目安全管理中的应用

传统施工过程中安全管理存在很多问题,但归结起来安全管理问题产生的原因如下:施工企业忽视安全管理工作,安全责任制没有落实;现场安全管理人员不足,现场安全技术交底和安全教育培训不到位;对现场安全隐患和危险源不能识别或处理不当,现场安全场地布置混乱;现场安全色标管理和"五牌一图"缺失,缺乏季节性施工和交叉作业施工的安全技术措施;忽视安全防护、安全用电、消防安全管理和灾害性天气应对措施等工作。BIM 项目管理提出的解决方案主要从以下几个方面考虑。

》》1. 现场安全技术交底和安全教育培训

凭借 BIM 的 3D 漫游动画、4D 虚拟建造等可视化手段,解决施工阶段建筑、结构、水电气暖等交叉作业带来了安全隐患,使施工现场的人、材、机、场地等聚集在一起按时间进度有序进行,将施工技术方案和安全管理措施以放视频的方式讲解给大家,让现场人员一目了然,规避现场可能发生的安全事故,提高安全技术交底的效率和效果,避免了以往死气沉沉不求甚解的背书式安全技术交底。

基于 BIM 的安全教育培训,通过虚拟现场工作环境、演示动画等,使现场人员熟悉自己的工作岗位,使工人明白自己在哪干、干什么、怎么干的问题,帮助新进场工人进行入场教育,熟悉工作环境,避免了枯燥无味走过场的教育方式,使安全教育的目的真正落到实处。令人耳目一新、有针对性的安全教育模式,使施工现场人员强化安全意识,熟悉现场安全隐患和安全注意事项,明白现场安全生产的技术措施和处理突发事件的应对办法。

》》2. 机械设备模拟、临边防护、安全色标管理

利用 BIM 技术可以在建筑模型中演示机械设备的实际运行状况。比如,对进场车辆进行模拟,验证道路宽度和转弯半径是否满足安全间距的要求;还可以对塔吊进行模拟,验证塔吊与塔吊、塔吊和建筑物间的距离是否满足安全要求,避免使用过程中发生碰撞。提前在 BIM 模型中对施工现场的基坑周边、尚未安装栏板的阳台料台与各种平台周边、雨篷与挑檐边、无外脚手架的屋面和楼层边、楼梯口和梯段边、垂直设备与建筑物相连接的通道两侧边及水箱周边等处,按照规定需要安装防护栏杆、张挂安全网、摆放警示标牌的地方进行 3D 漫游,检查安全防护措施是否落实到位,现场安全色标管理是否符合规范要求等。工程技术人员依据 BIM 模型提前制定临边防护方案,给出 3D 效果图和平面尺寸图,直观方便地对机械设备、临边防护和安全色标等进行管理。

》》3. 现场安全检查、突发紧急情况预演

施工现场安全检查方面,现场安全管理人员可以通过 BIM 移动终端,对现场的生产情况、设备设施状况、不安全不文明行为、安全隐患等问题进行视频拍照上传,有疑问的地方可以立即关联 BIM 模型进行准确核对,安全问题检查有理有据、一目了然,信息的协同共享可使公司管理者足不出户就能远程了解现场安全情况,便于安全问题的及时反馈和快速解决,大大提升工作的成效。运用 BIM 还可以有针对性地对项目进行周围路况信息收集、季节性施工、消防疏散演练、恶劣极端气候等紧急情况进行模拟预演,制定相对应的预防措施,便于项目安全管理工作的顺利开展和有效执行,公司安全管理部门可以对遍布世界各地的项目更加高效地进行管理,做到对项目安全状况了如指掌,使安全工作万无一失。

四、BIM 项目管理在运营维护阶段的应用

相关的研究显示,在过去的几十年里世界范围内的建筑业生产力水平没有根本性的进步。导致这一现象的原因主要有两点:第一点就是工程项目愈加复杂,管理过程越不规范,使得各个专业之间的协同变得很难进行,要将大量的建筑成本浪费在管理内部的协调上,这不符合科学管理的要求;第二点就是在管理过程中对于数据信息的掌握能力较差,在建筑工程管理过程中涉及海量的数据,当时很难从中发掘有价值的东西,使得很多决策都是凭借经验,没有数据支持。这两点原因的存在使得建筑业生产力发展速度缓慢甚至出现停滞不前的现象,而传统的管理模式和管理方法又很难解决这个问题。

BIM 3D 技术的出现对于解决上述两个问题具有重要的作用。正是因为工程项目比较复杂,管理过程又不规范,才使得工程管理中各个专业之间的协同工作难以进行。而庞大的数据信息之间又具有一定的关系,单纯依靠人工很难对其进行整理和归纳,尤其是需要使用某些特定数据信息时,更是难以查找。BIM 与传统的工程管理技术不一样,它以计算机技术为基础建立了三维模型的数据库,不仅能存储大量的数据信息,还可以根据信息的变化对数据进行动态化管理。在建筑工程项目运营阶段使用 BIM 技术,可以提高管理的效率。

(一)运营维护管理的定义

运营维护管理可以简称为运维管理,在国外被称为设施管理(facility management,FM),这种叫法近年来在国内逐渐流行起来。运维管理是基于传统的房屋管理经过演变而来。近几十年来,随着全球经济的快速发展和城市化建设的持续推进,特别是随着人们生活和工作环境的丰富多样,建筑实体功能呈现出多样化的发展现状,使得运维管理成为一门科学,发展成为整合人员、设备及技术等关键资源的管理系统工程。运营维护管理包括空间管理、资产管理、维护管理、公共安全管理和能耗管理这五个方面。

(二)BIM 在运营维护阶段的应用

➤➤ 1. 结构安全管理

建筑项目全寿命周期中的运营维护阶段是从项目竣工交付使用开始到结构报废或拆迁为止,因此建筑寿命终结时也是运营维护管理终止的时刻。由此可见,以建筑寿命的监控与预测为主要内容的建筑结构安全管理应该作为公共建筑运维管理中的必要方面。但是目前现有的运维管理更多地侧重于日常运营、设备维修等方面的管理,更像是加强版的物业管理,从而偏离了运维管理的本质,无法发挥建筑运维管理的最大作用。因此,在建筑运营维护阶段进行结构安全管理,对建筑结构耐久性进行评估,对建筑寿命进行把控,就显得至关重要。

➤➤ 2. 空间管理

空间管理是针对建筑空间的全面管理,有效的空间管理不仅可以提高空间和相关资产的实际利用率,而且还能对在这个空间中工作、生活的人有着激发生产力、满足精神需求等积极影响。通过对空间特点、应用进行规划分析,BIM 可帮助合理整合现有的空间,实现工作场所的最大化利用。应用 BIM 可以更好地满足建筑在空间管理方面的各种分析和需求,更快捷地响应企业内部各部门对空间分配的请求,同时可高效地进行日常相关事务的处理,准确计算空间相关成本,然后通过合理的成本分摊、去除非必要支出等方式,有效地降低运营成本,同时能够促进企业各部门控制非经营性成本,提高运营阶段的收益。

➤➤ 3. 设备管理

建筑设备管理是使建筑内设备保持良好的工作状态,尽可能延缓其使用价值降低的进程,在保障建筑设备功能的同时,最好地发挥它的综合价值。设备管理是建筑运营维护管理中最主要的工作之一,关系着建筑能否正常运转。近些年来智能建筑不断涌现,使得设备管理工作量、成本等方面在建筑运维管理中的比重越来越大。BIM 应用于建筑设备管理,不仅可将繁杂的设备基本信息及设计安装图纸、使用手册等相关资料进行系统存储,方便管理者和维修人员快速获取查看,避免了传统的设备管理存在的设备信息易丢失、设备检修时需要查阅大堆资料等弊端,而且通过监控设备运行状态,能够对设备运行中存在的故障隐患进行预警,从而节约设备损坏维修所耗费的时间,减少维修费用,降低经济损失。

(1)设备信息查询与定位识别

管理者将包括设备型号、重量、购买时间等基本信息及设计安装图纸、操作手册、维修记录等其他设备相关的图形与非图形信息通过手动输入、扫描等方式存储于建筑信息模型中,基于 BIM 的设备管理系统将设备所有相关信息进行关联,同时与目标设备及相关设备进行关联,形成一个闭合的信息环。维修人员等用户通过选择设备,可快速查询该设备所有的相关信息、资料,同时也可以通过查找设备的信息,快速定位该设备及其上游控制设备,通过这种方式可实现设备信息的快速获取和有效利用。

BIM 通过与 RFID 技术(无线射频识别技术)相结合,可以实现设备的快速精准定位。RFID 技术为所有建筑设备设计提供一个唯一的 RFID 标签,并与 BIM 模型中设备的

RFID 标签一一对应,管理人员通过手持 RFID 阅读器进行区域扫描获取目标设备的电子标签,就可快速查找目标设备的准确位置。到达现场后,管理人员通过扫描目标设备对应的二维码,可以在移动终端设备上查看与之关联的所有信息,维修管理人员也因此不必携带大量的纸质文件和图纸到实地,实现运维信息电子化。

(2)设备维护与保修

基于 BIM 的设备运维管理系统能够允许运维管理人员在系统中合理制定维护计划,系统会根据计划为相应的设备维护进行定期提醒,并在维修工作完成后协助填写维护日志并录入系统之中。这种事前维护方式能够避免设备出现故障之后再维修所带来的时间浪费,降低设备运行中出现故障的概率及故障造成的经济损失。

当设备出现故障需要维修时,用户填写保修单并经相关负责人批准后,维修人员根据报修的项目进行维修,如果需要对设备组件进行更换,可在系统中查询备品库寻找该组件,维修完成后在系统中录入维修日志作为设备历史信息备查。

▶▶ 4.资产管理

房屋建筑及其机电设备等资产是业主获取效益、实现财富增值的基础。有效的资产管理可以降低资产的闲置浪费,节省非必要开支,减少甚至避免资产的流失,从而实现资产收益的最大化。基于 BIM 的资产管理将资产相关的海量信息

分类存储和关联到建筑信息模型之中,并通过 3D 可视化功能直观展现各资产的使用情况、运行状态,帮助运维管理人员了解日常情况,完成日常维护等工作,同时对资产进行监控,快速准确定位资产的位置,减少因故障等原因造成的经济损失和财产流失。

基于 BIM 的资产管理还能对分类存储和反复更新的海量资产信息进行计算分析和总结。资产管理系统可对固定资产的新增、删除、修改、转移、借用、归还等工作进行处理,并及时更新 BIM 数据库中的信息;可对资产的损耗折旧进行管理,包括计提资产月折旧、打印月折旧报表、对折旧信息进行备份等,提醒采购人员制订采购计划;对资产盘点的数据与 BIM 数据库里的数据进行核对,得到资产的实际情况,并根据需要生成盘盈明细表、盘亏明细表、盘点汇总表等报表。管理人员可通过系统对所有生成的报表进行管理、分析,识别资产整体状况,对资产变化趋势做出预测,从而帮助业主或者管理人员做出正确决策,通过合理安排资产的使用,降低资产的闲置浪费,提高资产的投资回报率。

5.能耗管理

建筑能耗管理是针对水、电等资源消耗的管理。对于建筑来说,要保证其在整个运维阶段正常运转,产生的能耗总成本将是一个很大的数字,尤其是如地标性超高层建筑这样复杂的大型公共建筑,在能耗方面的总成本将更为庞大,如果缺少有效的能耗管理,有可能出现资源浪费现象,这对业主来说是一笔非必要的巨大开支,对社会而言也有可能造成不可忽视的巨大损失。近些年来智能建筑、绿色建筑不断增多,建筑行业乃至社会对建筑能耗控制的关注程度也越来越高。BIM 应用于建筑能耗管理,可以帮助业主实现能耗的高效管理,节约运营成本,提高收益。

(1)数据自动高效采集和分析

BIM 在能耗管理中的作用首先体现在数据的采集和分析上。传统能耗管理耗时、耗力、效率比较低,拿水耗管理来说,管理人员需要每月按时对建筑内每一处水表进行查看和抄写,再分别与上月抄写值进行计算才能得到当月所用水量。在 BIM 和信息化技术的支持下,各计量装置能够对各分类、分项能耗信息数据进行实时的自动采集,并汇总存储到建筑信息模型相应数据库中,管理人员不仅可以通过可视化图形界面对建筑内各部分能耗情况进行直观浏览,还可以在系统对各能耗情况逐日、逐月、逐年汇总分析后,得到系统自动生成的各能耗情况相关报表和图表等成果。同时,系统能够自动对能耗情况进行同比、环比分析,对异常能耗情况进行报警和定位示意,协助管理人员对其进行排查,发现故障及时修理,对浪费现象及时制止。

（2）智能化、人性化管理

BIM 在能耗管理中的作用还体现在建筑的智能化、人性化管理上。基于 BIM 的能耗管理系统通过采集设备运行的最优性能曲线、最优寿命曲线及设备设施监控数据等信息,并综合 BIM 数据库内其他相关信息,对建筑能耗进行优化管理。同时,BIM 可以与物联网技术、传感技术等相结合,可以实现对建筑内部的温度、湿度、采光等的智能调节,为工作、生活在其中的人们提供既舒适又节能的环境。以空调系统为例,建筑管理系统通过室外传感器对室内外温湿度等信息进行收集和处理,智能调节建筑内部的温度,达到舒适性和能源效率之间的平衡。

▶▶ 6.灾害应急管理

公共建筑作为人们进行政治、经济、文化、福利等社会活动的场所,人流量往往非常密集,如果发生地震、火灾等灾害事件却应对滞后,将会给人身、财产安全造成难以挽回的巨大损失,因此,针对灾害事件的应急管理极其必要。在 BIM 支持下的灾害应急管理,不仅能出色地完成传统灾害应急管理所包含的灾害应急救援和灾后恢复等工作,而且还可以在灾害事件未发生的平时进行灾害应急模拟和灾害刚发生时的示警和应急处理,从而有效地减少人员伤亡,降低经济损失。

（1）灾害应急救援和灾后恢复

在火灾等灾害事件发生后,BIM 系统可以对其发生位置和范围进行三维可视化显示,同时为救援人员提供完整的灾害相关信息,帮助救援人员迅速掌握全局,从而对灾情做出正确的判断,对被困人员及时实施救援。BIM 系统还可为处在灾害中的被困人员提供及时的帮助。救援人员可以利用可视化 BIM 模型为被困人员制定疏散逃生路线,帮助其在最短时间内脱离危险区域,保证生命安全。

凭借数据库中保存的完整信息,BIM 系统在灾后可以帮助管理人员制定灾后恢复计划,同时对受灾损失等情况进行统计,也可以为灾后遗失资产的核对和赔偿等工作提供依据。

（2）灾害应急模拟和处理

在灾害未发生时,BIM 系统可对建筑内部的消防设备等进行定位和保养维护,确保消火栓、灭火器等设备一直处于可用状态,同时综合 BIM 数据库内建筑结构等信息,与设备等其他管理子系统相结合,对突发状况下人员紧急疏散等情况进行模拟,寻找管理漏洞并加以整改,制定出切实有效的应急处置预案。

在灾害刚发生时,BIM 系统自动触发报警功能,向建筑管理人员及内部普通人员示警,为其留出更多的反应时间。管理人员可以通过 BIM 系统迅速做出反应,对于火灾可以采取通过系统自动控制或者人工控制断开着火区域设备电源、打开喷淋消防系统、关闭防火调节阀等措施;对于水管爆裂情况可以指引管理人员快速赶到现场关闭阀门,有效控制灾害波及范围,同时开启门禁,为人员疏散打开生命通路。

不同类型的建筑工程项目在运营管理阶段需要采用的维护措施不一样,自然就会影响建筑运营和维护的成本。相比于其他类型的建筑工程项目而言,公共建筑和基础设施的后期维护运营费用比较高。这一方面与公共建筑和基础设施的属性有关,另一方面也和管理的方法和技术水平有关系。将 BIM 应用于建筑工程运营阶段,可以为管理工作提供工程项目所有的数据信息,使得运营管理工作有据可依。依靠 BIM 可以大大降低运营阶段的维护管理费用,从而减少业主和运营商的经济损失。

此外,在运营阶段应用 BIM 不仅能提供建筑工程项目的相关数据信息,还可以提供建筑工程项目交付使用以后的一些数据信息,包括建筑的使用年限、入住率等信息,同时还可以对相关的数据信息进行更新处理,便于运营商进行管理。在运营阶段应用 BIM 还有利于进行规划管理。如很多零售商品牌都将连锁店开在不同的地理位置上,至于如何合理安排这些零售店就可以应用 BIM 进行规划,可以根据不同地段消费数据信息、居住人数信息等内容对在某地成立零售店是否合理进行判断。

销售过程应用 BIM 的益处主要体现在两个方面,第一个方面就是可以应用 BIM 较为逼真的三维效果图展示产品。目前,我国很多开发商都选择用 BIM 三维技术进行房产模拟,并将三维模型上传到官方网站上,客户即使不亲自来看房也能对房子的三维空间结构有一个比较全面的了解。第二个方面就是可以应用 BIM 进行虚拟漫游。有了 BIM 就可以将虚拟现实的技术引入到房地产销售过程中。一般进行房地产销售都是以二维平面图的方式进行建筑效果展示,常见的有平面图、样本间装修效果图等。但由于客户很难通过二维平面图将房子的结构空间构成想象出来,从而使得客户和销售人员之间的沟通交流变得比较困难。但通过 BIM 引入虚拟漫游技术,可以让客户通过鼠标的移动在虚拟的世界中进行漫游,使客户仿佛置身样板房中,能让客户对房子的结构有一个直观的感受。这样既有利于客户和销售人员进行沟通交流,同时也便于客户做出选择。此外,这种虚拟漫游技术不仅应用在房地产销售过程中,在很多购物中心的产品网站上也引进类似的技术,客户可以放在虚拟的购物中心漫游,感受商业中心的热闹气氛。

第二节 BIM 项目管理应用的信息管理平台

一、项目信息管理平台

项目信息管理平台,其内容主要涉及施工过程中的 5 个方面:人、机、料、法、环,即施工人员管理、施工机具管理、工程材料管理、施工工法管理、工程环境管理。

(一)施工资料管理

施工单位在工程施工过程中形成大量的图纸类和文字类的信息资料,是施工全过程的记录文件。可分为施工质量保证资料、技术资料、安全资料。施工资料应该严格按照规范编写,真实地反映施工现场的技术、质量情况。

施工项目中都会产生大量的施工图纸和变更图纸,其作为现场施工的指导依据,在施工中发挥着关键性的作用。在整个项目全生命周期中,此类信息都是至关重要的,需要被很好地整理和保存。利用项目信息管理平台,可以将项目的所有信息进行汇总、分类、保存,这对于整个项目的管理都会起到积极的作用。

项目信息管理平台为 BIM 的相关项目管理软件和成果集成平台,能够为施工现场各参与方提供沟通和交流的平台,方便协调项目方案,论证项目施工可行性,及时排除隐患,减少由此产生的变更,从而缩短施工时间,降低因设计协调造成的成本增加,提高施工现场生产效率。

不仅如此,利用项目信息管理平台可轻松方便地完成竣工交付。BIM 竣工模型包括施工过程记录的信息,可以正确反映真实的设备状态、材料安装使用情况、施工质量等与运营维护相关的文档和资料,实现包括隐蔽工程资料在内的竣工信息的集成,为后续的运维管理带来便利,也在未来进行的翻新、改造、扩建过程中为项目团队提供有效的历史信息。

（二）施工人员管理

一个项目的实施阶段,需要大量的人员进行合理的配合,包括业主方人员、设计方人员、勘察测绘人员、总包方人员、各分包方人员、监理方人员、供货方人员,甚至还有对设计、施工的协调管理人员。这些人将形成一个庞大的群体,共同为项目服务。并且规模越大的工程,此群体的数量就越庞大。要想使在建工程能顺利完成,就需要将各个方面的人员进行合理的分配、排布、调遣,保证整个工程井然有序。在引入项目管理平台后,通过对施工阶段各组成人员的信息、职责进行预先的录入,在施工前就做好职责的划分,保证施工时施工现场的秩序和施工的效率。

施工人员管理包括施工组织管理(OBS)和工作任务管理(WBS),方法为将施工过程中的人员管理信息集成到 BIM 模型中,并通过模型的信息化集成来分配任务。随着 BIM 技术的引入,企业内部的团队分工必然发生根本改变,所以对配备 BIM 技术的企业人员职责结构的研究需要日益明显。

（三）施工机具管理

施工机具是指在施工中为了满足施工需要而使用的各类机械、设备、工具。如塔吊、内爬塔、爬模、爬架、施工电梯、吊篮等。仅仅依靠劳务作业人员发现问题并上报,很容易发生错漏,而好的机具管理能为项目节省很多资金。

施工机具在施工阶段,需要进行进场验收、安装调试、使用维护等管理过程,这也是施工企业质量管理的重要组成部分。对于施工企业来说,对性能差异、磨损程度等技术状态导致的设备风险进行预先规划是很重要的;并且还要策划对施工现场的设备进行管理,制定机具管理制度。

利用项目信息管理平台可以明确主管领导在施工机具管理中的具体责任,规定各个管理层及项目经理部在施工机具管理中的管理职责及方法。如企业主管部门、项目经理部、项目经理、施工机具管理员和分包等在施工机具管理中的职责,包括计划、采购、安装、使用、维护和验收的职责,确定相应的责任、权利和义务,保证施工机具管理工作符合施工现场的需要。

群塔防碰撞模拟:因施工需要塔机布置密集,相邻塔吊之间会出现交叉作业区,当相交的两台塔吊在同一区域施工时,有可能发生塔吊间的碰撞事故。利用 BIM 技术,通过 Timeliner 将塔吊模型赋予时间轴信息,对四维模型进行碰撞检测,逼真地模拟塔吊操作过程,并且导出的碰撞检测报告可用于指导修改塔吊方案。

(四)施工材料管理

在施工管理中还涉及对施工现场材料的管理。施工材料管理应按照国家和上级颁发的有关政策、规定、办法,制定物资管理制度与实施细则。在材料管理时还要根据施工组织设计,做好材料的供应计划,保证施工需要与生产正常运行;减少周转次数,简化供需手续,随时调整库存,提高流动资金的周转效率;填报材料、设备统计报表,贯彻执行材料消耗定额和储备定额。

根据施工预算,材料部门要编制单位工程材料计划,报材料主管负责人审批后,作为物料器材加工、采购、供应的依据。月度材料计划,根据工程进度、现场条件要求,由各工长参加,材料员汇总出用料计划,交有关部门负责人审批后执行。在施工材料管理的物资入库方面,保管员要亲自同交货人办理交接手续,核对清点物资名称、数量是否一致。物资入库,应先入待验区,未经检验合格不准进入货位,更不准投入使用。对验收中发现的问题,如证件不齐全,数量、规格不符,质量不合格,包装不符合要求等,应及时报有关部门,按有关法律、法规的规定及时处理。物资经过验收合格后,应及时办理入库手续,进行登账、建档工作,以便准确地反映库存物资动态。在保管账上要列出金额,保管员要随时掌握储存金额状况。物资经过复核后,如果是用自提,即将物资和证件全部向提货人当面点交,物资点交手续办完后,该项物资的保管阶段基本完成,保管员即应做好清理善后工作。

基于 BIM 的施工材料管理包括物料跟踪、算量统计、数字化加工等,利用BIM 模型自带的工程量统计功能实现算量统计及对 RFID 技术的探索来实现物料跟踪。施工资料管理,需要提前搜集整理所有有关项目施工过程中所产生的图纸、报表、文件等资料,对其进行研究,并结合 BIM 技术,经过总结,得出一套面向多维建筑结构施工信息模型的资料管理技术,应用于管理平台中。

▶▶ 1.物料跟踪

BIM 模型可附带构件和设备更全面、详细的生产信息和技术信息,将其与物流管理系统结合,可提升物料跟踪的管理水平和建筑结构行业的标准化、工厂化、数字化水平。

➤➤ 2.算量统计

建设项目的设计阶段对工程造价起到了决定性的作用,其中设计图纸的工程量计算对工程造价的影响占有很大比例。对建设项目而言,预算超支现象十分普遍,而缺乏可靠的成本数据是造成成本超支的重要原因。建筑信息模型(BIM)作为一种变革性的生产工具将对建设工程项目的成本核算过程产生深远影响。

➤➤ 3.数字化加工

BIM 与数字化建造系统相结合,直接应用于建筑结构所需构件和设备的制造环节,采用精密机械技术制造标准化构件,运送到施工现场进行装配,实现建筑结构施工流程(装配)和制造方法(预制)的工业化和自动化。

(五)施工环境管理

绿色施工是建筑施工环境管理的核心,是可持续发展战略在工程施工中应用的主要体现,是可持续发展的建筑工业的重要组成,在施工阶段落实可持续发展思想对促进建筑业可持续发展具有重要的作用和意义。施工中应贯彻节水、节电、节材、节能,保护环境的理念。利用项目信息管理平台可以有计划、有组织地协调、控制、监督施工现场的环境问题,控制施工现场的水、电、能、材,从而使正在施工的项目达到预期环境目标。

在施工环境管理中可以利用技术手段来提高环境管理的效率,并使施工环境管理能收到良好的效果。在施工生产中可以借助那些既能提高生产率,又能把对环境污染和生态破坏控制到最小限度的技术及先进的污染治理技术来达到保护环境目的的手段。应用项目信息平台进行环境监测,实现环境管理的科学化。

施工环境包括自然环境和社会环境。自然环境指施工当地的自然环境条件、施工现场的环境;社会环境包括当地经济状况、当地劳动力市场环境、当地建筑市场环境及国家施工政策大环境。这些信息可以通过集成的方式保存在模型中,对于特殊需求的项目,可以将这些情况以约束条件的形式在模型中定义,进行对模型的规则制定,从而辅助模型的搭建。

(六)施工工法管理

施工工法管理包括施工进度模拟、工法演示、方案比选,通过对基于 BIM 技术的数值模拟技术和施工模拟技术进行研究,实现施工工法方面的标准化应用。施工工法管理,需要提前搜集整理所有有关项目施工过程中所涉及的单位和人员,对其间关系进行系统的研究,提前搜集整理所有有关施工过程中所需要展示的工艺、工法,并结合 BIM 技术,经过总结,得出一套面向多维建筑结构施工信息模型的工法管理技术,应用于管理平台中。

▶▶ 1.施工进度模拟

将 BIM 模型与施工进度计划关联,实现动态的三维模式模拟整个施工过程与施工现场,将空间信息与时间信息整合在一个可视的四维模型中,可直观、精确地反映整个项目施工过程,对施工进度、资源和质量进行统一管理和控制,技术路线。

▶▶ 2.施工方案比选

基于 BIM 平台,应用数值模拟技术,对不同的施工过程方案进行仿真,通过对结果数值的比对,选出最优方案。

二、项目信息管理平台

项目信息管理平台应具备前台功能和后台功能。前台提供给大众浏览操作,如图形显示编辑平台,各专业深化设计、施工模拟平台等,其核心目的是把后台存储的全部建筑信息、管理信息进行提取、分析与展示;后台则应具备建筑工程数据库管理功能、信息存储和信息分析功能,如 BIM 数据库、相关规则等。一是保证建筑信息的关键部分表达的准确性、合理性,将建筑的关键信息进行有效提取;二是结合科研成果,将总结的信息准确地用于工程分析,并向用户对象提出合理建议;三是具有信息学习功能,即通过用户输入的信息学习新的案例并进行信息提取。

(一)项目信息管理平台构成

一般来说,基于 BIM 的项目信息管理平台框架由数据层、图形层及专业层构成,从而真正实现建筑信息的共享与转换,使得各专业人员可以得到自己所需的建筑信息,并利用其图形编辑平台等工具进行规划、设计、施工、运营维护等专业工作,工作完成后,将信息存储在数据库中,当一方信息出现改动时,与其有关的相应专业的信息会发生改变。

≫ 1. 数据层

BIM 数据库为平台的最底层,用以存储建筑信息,从而可以被建筑行业的各个专业共享使用。该数据库的开发应注意以下三点:首先,此数据库用以存储整个建筑在全生命周期中所产生的所有信息。每个专业都可以利用此数据库中的数据信息来完成自己的工作,从而做到真正的建筑信息的共享。其次,此数据库应能够储存多个项目的建筑信息模型。目前主流的信息储存方式为以文件为单位的储存方式,存在着数据量大、文件存读取困难、难以共享等缺点;而利用数据库对多个项目的建筑信息模型进行存储,可以解决此问题,从而真正做到快速、准确地共享建筑信息。最后,数据库的储存形式,应遵循一定的标准。如果标准不同,数据的形式不同,就可能在文件的传输过程中出现缺失或错误等现象。目前常用的标准为 IFC 标准,即工业基础类,是 BIM 技术中应用比较成熟的一个标准,用以储存建筑模型信息,它是一个开放、中立、标准的用来描述建筑信息模型的规范,是实现建筑中各专业之间数据交换和共享的基础。

≫ 2. 图形层

第二层为图形显示编辑平台,各个专业可利用此显示编辑平台,完成建筑的规划、设计、施工、运营维护等工作。在 BIM 理念出现初期,其核心在于建模,在于完成建筑设计从 2D 到 3D 的理念转换。而现在,BIM 的核心已不是类似建模这种单纯的图形转换,而是建筑信息的共享与转换。同时,3D 平台的显示与 2D 相比,也存在着一些短处:如在显示中,会存在着一定的盲区等。

≫ 3. 专业层

第三层为各个专业的使用层,各个专业可利用其自身的软件,对建筑完成如规划、设计、施工、运营维护等专业工作。首先,在此平台中,各个专业无需再像传统的工作模式那样从其他专业人员手中获取信息,经过信息的处理后,才可以为己所用,而是能够直接从数据库中提取最新的信息,此信息在从数据库中提取出来时,会根据其工作人员的所在专业,自动进行信息的筛选,能够供各专业人员直接使用,当原始数据发生改变时,相关数据会自动随其发生改变,从而避免了因信息的更新而造成错误。

(二)项目信息管理平台框架开发

在确定了平台架构后,下一步即完成平台的开发。平台的开发涉及多学科的交叉应用,融合了 BIM 技术、计算机编程技术、数据库开发技术及射频识别(RFID)技术。平台开发过程如下:首先,根据工程项目数据实际,结合 BIM 建模标准开发 BIM 族库与相应工程数据库;其次,整合相关工程标准,并根据特定规则与数据库相关联;然后,基于数据库和建筑信息管理平台架构,开发二次数据接口,进行信息管理平台开发;接着,配合工程实例验证应用效果;最后,完成平台开发。

下面从平台接口、文件类型转换及常用功能等角度简要介绍平台开发关键技术,最后给出项目信息管理平台示例图。

➤➤ 1. 平台接口

软件的开发利用 SQL Server 数据库,利用 Visual Studio 为此数据库开发功能接口,实现 IFC 文件的输入、输出、查询等功能,并支持多个项目、多个文件的储存。

➤➤ 2. 多种专业软件文件类型的转换

在前期已完成的 IFC 标准与 XML 格式、SAP 模型、ETABS 模型等其他软件模型转换的基础上,进行更深入的基于 BIM 数据库的开发研究,在基于 IFC 标准的 BIM 数据库下完成对多种专业软件文件类型转换功能的开发。传统的转换工作是以文件为单位,利用内存来对文件格式进行转换,而平台上的转换工作是在基于 IFC 标准的 BIM 数据库上进行文件格式的转换,从而使文件格式转换的信息量更大,速度更快捷。

➤➤ 3. 概预算等功能的开发

在数据库基础上对各专业软件的功能进行开发。首先,对工程概预算的功能进行初步的研究。在 IFC 标准中,包含有 Ifc Material Resource,Ifc Geometry Resource 等实体,用以描述建筑模型中的材料、形状等建筑信息,结合材料的价格,可以实现其建筑材料统计、价格概预算等功能。其次,对概预算功能进行初步的开发,实现其概预算功能。

▶▶ 4.项目信息管理平台

本平台是应用于施工管理的项目级平台。其建立内容与使用功能是根据施工方的管理特点和所提要求进行开发的,其使用范围只针对本项目工程,但其包含的各个模块却适用于所有的工程。

由于平台为项目级的管理平台,这也使得平台的建立成本降到了最低,但又能最大限度地提供施工管理中最亟待解决的方案,能够真正地针对施工项目中特定方面的管理进行服务,并且简单而专项的施工管理界面又极大地减少了使用者的上手时间。

平台针对工程项目在施工进度方面也做了具体的功能设定,对于施工阶段重点关注的施工进度问题,可以以甘特图、Project 图标、Excel 表格、实体模型等多种形式进行展示,可以直观地展示施工中的进度问题。

对于大型公共建筑,管线综合是常见的问题,平台对项目中的管线和设备的碰撞点也能进行相应的显示。

在施工人员管理方面,本项目信息平台能够兼容相应的施工任务管理和施工组织管理。

第三节　BIM 项目管理的应用项目类型

一、住宅和常规商业建筑项目

此类建筑物造型比较规则,有以往成熟的项目设计图纸等资源可供参考,使用常规三维 BIM 设计工具即可完成,且此类项目是组建并锻炼 BIM 团队的最佳选择。从建筑专业开始,先掌握最基本的 BIM 设计功能、施工图设计流程等,再由易到难逐步向复杂项目,多专业、多阶段设计全程拓展,规避风险。

项目在生产部形成了一套新型 BIM 5D 进度应用思路,利用斑马进度前锋线进行总体进度把控,利用 BIM 5D 多维度提量及任务派分进行任务的精细管控。

项目计划经理通过 PC 端派分任务，工长则利用手机端采集真实动态数据，施工日志相关内容基本可以在现场第一时间收集，提高了工作效率和便利性。生产例会则可以通过网页端进度展板进行盘点分析。

项目执行经理及大项目部经理全力支持，为 5D 的实施应用提供了保障，以生产部为突破试点，然后陆续推广到其他部门。各部门建立了相关激励及定期沟通机制。

二、体育场、剧院和文艺活动中心等复杂造型建筑项目

此类建筑物造型复杂，没有设计图纸等资源可以参考利用，传统 CAD 设计工具的平、立剖面等无法表达其设计创意，现有的模型不够智能化，只能一次性表达设计创意，且此类项目可以充分发挥和体现 BIM 设计的价值。为提高设计效率，设计人员应从概念设计或方案设计阶段入手，使用可编写程序脚本的高级三维 BIM 设计工具或基于 Revit Architecture 等 BIM 设计工具编写程序、定制工具插件等完成异形设计和设计优化，再在 Revit 系列中进行管线综合设计。

三、工厂和医疗等建筑项目

此类建筑物造型较规则，但专业机电设备和管线系统复杂，管线综合是设计难点，可以在施工图阶段介入，特别是对于总承包项目，可以充分体现 BIM 设计的价值。

不同的项目设计师和业主关注的内容不同，将决定项目中实施 BIM 的异型设计、施工图设计、管线综合设计、性能分析等。

施工项目有：车身车间给水排水系统，冷却水系统，消火栓系统，喷淋系统，通风系统，车间采暖水、空调系统，车身车间动力系统，车间照明系统、IT 系统和消防电系统等。项目采用 Magi CAD 进行三维模型搭建后，对标高、管线、支吊架等进行优化。在施工前期对施工方案优化，提高施工效率，减少返工，确保了工程的顺利实施，减少了材料的浪费，同时使现场布线更加美观。由于这是个工厂项目，所以高空作业多，可利用 Magi CAD 事先对管道进行预制，减少高空作业，确保施工安全，同时三维模型的搭建，不仅让管理人员快速了解项目的建筑功能、结构空间、设计意图和管线的走向，同时其任意的模型剖切及旋转，使得复杂工程结构一目了然。

第四节 BIM 项目管理应用的意义

一、业主方 BIM 项目管理应用的意义

业主方的项目管理贯穿于项目的整个实施阶段,项目全生命周期各个阶段工作的有序进行均需要业主方的推动,项目各参建方的工作均需要业主方进行管理、协调。业主的项目管理是在项目整个生命周期中,提供一个平台进行沟通,确保项目管理工作能够有序进行。

在项目决策阶段,BIM 模型可以涵盖相关建筑物的各类其他信息,横向对比类似项目,为业主提供更加可靠全面的信息支持,包括地形地貌、水文地质、方位朝向、外形高度等信息,模拟日照、风向、噪声、热环境等因素,分析模型数据,能够为业主提供更全面可靠的技术支撑。除此之外,还可以进行建设环境及条件调查分析、目标论证、项目功能分析、面积分配、组织论证、经济论证、技术论证、管理论证、决策风险分析等。目前,大型建设项目较为重视前期策划,传统方式的策划阶段往往需要反复论证、调整、修改、优化,引入 BIM 技术则可以快速解决这些问题。BIM 技术主要可以应用在方案阶段的建模、场地分析、总体规划等。通过 BIM 系列软件建立模型,结合 GIS 软件进行数据分析,为最优方案决策过程提供有力的数据和技术支撑。

设计阶段包括设计准备阶段和设计阶段,该过程主要包括投资控制、质量控制、进度控制、安全控制、信息管理、合同管理和组织协调。在该阶段中,项目参建单位众多,沟通与协调难度较大,信息流失较多,设计意图落实不到位,设计方案与施工图容易出现较大偏差,因此造成从方案到施工图偏离原定目标的问题,尤其对于大型、复杂的建设工程。而 BIM 技术的可视化、协同性、动态多维、参数化、可出图性的特质可以很好地给予设计阶段助力。应用 BIM 技术可以充分与项目参建各方进行沟通,策划阶段的模型亦可用于设计阶段,其技术方法更能轻松解决复杂形体设计。

施工阶段是将图纸中的设计产品转换为建筑实体的关键环节,也是整个项目管理工作最繁杂的阶段,该阶段业主的项目管理工作主要围绕项目管理的三大目标展开:进度控制、投资控制、质量控制。BIM 技术在工程项目应用中所具备的强大能力,可以给业主带来巨大的价值。

（一）在进度控制方面

通过 BIM 技术的碰撞检查，有效规避设计中存在的冲突和矛盾，避免不必要的返工；通过 4D 模拟施工，对进度计划的制订、实施、审核提供技术支持；形象直观的施工技术交底，有效提高施工队伍的工作水平；基于同一数据模型，各参与方配合制订相互的进度计划、材料计划、资金计划等，实现各参与方的协同化施工。

（二）在投资控制方面

业主运用 BIM 技术将大大简化原有的造价管理流程，提高了工程量计算等烦琐工作的效率，让投资管理人员有更多精力投入到造价管理工作；依托于 BIM 技术，可以做到对单一构件的工程量计算，造价分析，能对现行计价模式中存在的粗放管理、难以提取单一部件的造价信息等进行针对性的解决，实现从构件角度的造价管理。BIM 技术应用于造价管理为业主带来的是一种全新的思考方式，使造价管理更加清晰，增加了业主在投资管理上的话语权：当发生设计变更时对于投资的影响将不再是被动接受，而是做到有据可依；对进度款的支付，通过 BIM 模型可以形象地了解当月的实际完成情况，细化到每一构件的支付，充分利用资金的时间价值。

（三）在质量控制方面

业主运用 BIM 技术将有效发挥传统质量管理方法的潜力。

（1）在事前控制中实现预管理，对不定因素做出充分的考量，有效规避不利影响因素，降低风险；在事中控制中做到管理的实时监控；在事后控制中加强经验的积累。

（2）对 PDCA 循环：切实做到计划可行、准确落实、检查有据、处置得当；增强管理者对工程质量的把控力度；保证原材料及各种资源按质按量投入使用，从源头保证工程质量；优化机械使用情况，降低过程质量管理的难度；对施工方案、组织设计、施工工艺及环境因素在 BIM 模型中做出相应考虑，对影响工程质量的因素做到事前干预和排除。BIM 技术帮助业主切实做到项目管理的全要素管控，最终提高建筑物整体质量。

传统的运营维护阶段存在信息凌乱不全、信息分离等问题，增加了运营管理的难度,此时借助 BIM 信息模型,可以对设施信息进行有效管理,项目所有信息都包含在一个模型中,避免信息的分散或丢失,根据其中的设备信息,制订专项更新、维护计划,与 BIM 接口相连接,做到信息实时反馈,科学、合理地进行运营管理。

业主方在建设工程全生命周期项目管理中的各个阶段,工作内容与管理任务不尽相同,传统的项目管理方式存在人员变更、工作思路不同、信息链支离、信息流失等问题,工作任务和目标容易交接不清,上一阶段与下一阶段衔接中存在一定偏差。引入 BIM 技术后,能够使信息无缝对接,可以协调各个项目参建方,避免出现沟通困难。

二、设计方 BIM 项目管理应用的意义

设计方的项目管理主要应用于设计阶段中。设计方的施工配合工作往往会被人们所忽略,但设计方对于项目管理恰恰是非常重要的。设计方是项目的主要创造者,是最先了解业主需求的参建方,设计方通过应用 BIM 来获得以下效果:①突出设计效果。通过创建模型,更好地表达设计意图,满足业主需求。②便捷地使用并减少设计错误。利用模型进行专业协同设计,通过碰撞检查,把类似空间障碍等问题消灭在出图之前。③可视化的设计会审和专业协同。基于三维模型的设计信息传递和交换将更加直观、有效,有利于各方沟通和理解。

大多数公司在技术与施工知识方面都缺乏足够的经验,因而无法充分地利用 BIM,这并不是理想的 BIM 应用方式。除施工文档以外,其他任何的交付成果并不在建筑设计师的工作范围内,而且会增加建筑设计师职业负担和责任。建筑设计师的 BIM 模型是由建筑设计师为自身创建,唯一的目的就在于生成施工文档。这很好地利用了 BIM 的内置数据分析及质量管理的特性,建筑设计师实际上利用 BIM 创建了一套更高质量的施工文档。通过 BIM 与不同设计版本的平面视图链接可以实时查看设计改动,这个功能对建筑设计师是非常有益的。同时,利用碰撞检查以加强专业协同的方式同样驱使更高水平的施工文档产生。以建筑设计师处理模型中的墙体为例,如果研究建筑设计师创建的大量模型样本,会发现几乎每面墙都被创建为活动墙。活动墙是区分租户与租户之间及公共走廊之间空间划分的边界。然而,现实世界中建筑并不是这样建造的。建筑设计师并不关心工程量的准确性,只关心绘制出施工图纸,因为工程量只对分包商有重要意义。总承包商需要订购建筑施工所需要的材料,如果总

承包商有准确的工程量，那么就只需要购买施工必需的材料，而无须为那些不需要使用的材料买单。总承包商手下有预算员，他们唯一的工作就是审阅施工文档以确定工程量。此外，施工图纸是必须经过批准才可用于施工的文档，但平面图纸通过审批与能根据这些图纸进行施工是两个截然不同的问题。例如，建筑设计师将所有墙体都设为活动墙，在图纸中并没有区别，因为它们仅仅是用直线和图表示的。

三、施工方 BIM 项目管理应用的意义

施工方是项目的最终实现者，是竣工模型的创建者，施工企业的关注点是现场实施，关心 BIM 如何与项目结合，如何提高效率和降低成本。应用 BIM 项目管理可以为施工方带来以下帮助。

(一)理解设计意图

可视化的设计图纸会审能帮助施工人员更快更好地解读工程信息，并尽早发现设计错误，及时进行设计联络。

(二)降低施工风险

利用模型进行直观的"预施工"，预知施工难点，更大程度地消除施工的不确定性和不可预见性，保证施工技术措施的可行、安全、合理和优化。

(三)辅助把握施工细节

在设计方提供的模型基础上进行施工深化设计，解决设计信息中没有体现的细节问题和施工细部做法，更直观更切合实际地对现场施工工人进行技术交底。

(四)更多的工厂预制

为构件加工提供最详细的加工详图，减少现场作业、保证质量。

(五)提供便捷的管理手段

利用模型进行施工过程荷载验算、进度物料控制、施工质量检查等。
BIM 为施工方提供了在施工设备进场前识别出设计文档存在问题的能力，为

实现这一目的,施工方必须根据施工图纸和说明利用 BIM 在计算机中实现建筑的虚拟"建造",以发现任何可能出现的问题,这也被称作为施工可行性模拟。相比其他团队,施工方更倾向于利用 BIM 进行施工过程的模拟。通过在计算机上模拟施工过程并预测施工结果,施工方能够发现可能影响造价、进度和质量的风险点。也就是说,他们在施工前就可获取到决策支持数据。为此,施工方必须配备熟悉施工过程的建模人员,因为 BIM 的创建必须反映真实的施工状态。通过这种方式,很多设计问题能够被核查出来,而这些在 2D 图纸中通常是很难发现的。通过建筑施工的方式创建 BIM 模型,施工方能够在施工开始前发现设计问题并将其解决。

四、运营维护方 BIM 项目管理应用的意义

运营维护期一般远远长于决策、设计、施工等其他阶段,运营方的 BIM 项目管理也主要运用在运营维护阶段。运营维护方通过使用 BIM 项目管理达到以下目的:①方便快捷地进行数据统计。BIM 富含的大量建筑信息数据,可以详尽记录建筑构件、设备信息。②基于可视化功能的运用。实现漫游、二次装修(管线、承重结构的示意)及事故紧急预案展示。③系统嵌入公用设备、设施。关联摄像头、感应设备,将建筑实体与 BIM 模型相关联。实现建筑监控(温度感应调节空调、门窗电源开关情况示意)及应急管理(喷淋系统控制)。

通过利用 BIM 模型中的建筑信息数据,可以快速调用原始数据,对所需开展的工作进行统计分析,大大减少了录入的过程,提高了工作效率,减少了人工操作的工作强度,避免了人为操作带来的数据错误,尤其对体量巨大的建筑项目更能发挥其高效的优势,提高运维管理水平。

可以把现有的安防监控系统纳入 BIM 建筑模型中,更加直观地观察每个监控的所在位置,并通过监控对各类人员进行动态观察,对可疑人员进行有效的观测和威慑,对突发事件能及时发现并快速到达现场处置,使整体安保工作的水平有了质的提高,同时,有利于管理者对安保人员的巡视状况进行管理。

电梯系统与监控和 BIM 模型的动态结合,能快速地定位某部电梯的故障和人员被困情况,及时排除安全隐患,解决问题;水箱水位和水泵传感器的连接,在可视化模型中能实时观察设备的运行情况,及时发现故障进行处理;电气系统中的电力故障在 BIM 模型中显示得清晰明确,兼具由于电气系统故障引起的火灾防范的及时应对。

结合条码、二维码和射频技术，合理制定公共设备、设施维护保养计划，保障设备的正常运行。模型中的设备能看到其在三维建筑中的位置信息，再结合设备条码或二维码射频标签，在设备运维管理中，维保人员可以利用移动设备进行扫描，快速高效地读取设备维保信息，巡查设备的使用状态，并将巡查结果通过网络传回系统进行数据的更新，根据模型信息合理制定设施、设备的维护保养计划，对设施、设备提前做好维护保养工作。

五、BIM 项目管理的各方应用对比

BIM 的出现和推广，为建筑行业带来了新的变革，但是同时，如何协调项目参建各方需求的不同，各个关注方 BIM 推广应用的差异，是当前推广 BIM 应用发展和研究的重点。现今，无论是各大院校、研究机构还是软件供应商乃至一些大型施工企业，都热衷于 BIM，大家都在积极地探索和努力地投入，这是值得高兴的。但在宣传和推广的同时，更应该关注 BIM 成为今后建筑"语言"的根本所在，只有聚焦各方关注，凝练出 BIM 应用的关键及核心，集中力量突破，让 BIM 在项目上真正"落地"，才能更好地使其发挥作用、体现价值，才能使各方获得更多收益。

各项目参与方在应用 BIM 进行项目管理时，存在诸多不同。在应用时期方面，业主方在项目全生命周期内，都存在 BIM 的应用。其他各参与方，则更多地在项目的某个阶段参与、使用 BIM 进行项目管理。同时，项目参与方参与项目的目标又不尽相同，如业主方就有安全管理、投资管理、进度管理、质量管理、合同管理、信息管理、组织和协调等，但最为主要的目标，还是投资目标、进度目标、质量目标。其中，投资目标指的是项目的总投资目标；进度目标指的是项目动用的时间目标，也即项目交付使用的时间目标；质量目标包括满足相应的技术规范和技术标准的规定及满足业主方相应的质量要求。从利益出发，业主方只需满足自身的利益，但是设计方等其他各参与方，除了满足自身外，还应该服从项目整体的利益。

第六章　BIM 项目管理实施规划

第一节　BIM 项目管理实施规划概述

建筑信息模型(BIM)是一个设施(建设项目)物理和功能特性的数字表达;BIM 是一个共享的知识资源,是一个分享有关这个设施建设的信息,为该设施从概念到拆除的全寿命周期中的所有决策提供可靠依据的过程;在项目不同的阶段,不同利益相关方通过在 BIM 中插入、提取、更新和修改信息,以支持和反映其各自职责的协同作业。

为保证 BIM 的成功实施,项目团队需进行详细且全面的规划。详尽的 BIM 项目管理实施规划将帮助项目团队确定各成员的任务及责任,确定要创建和共享的信息类型及使用何种软硬件系统、由谁使用等基本信息。此外,还能让项目团队成员之间实现更协调的沟通,更高效地推进建设项目实施并降低成本。

BIM 的正确实施可以为项目提供诸多好处。BIM 的价值可通过对项目有效的规划来实现:通过有效周期分析提高设计质量;由可预测的现场条件实现更大的预制;通过可视化计划的施工进度来提高现场效率;通过使用数字设计应用加强创新能力;还有很多诸如此类的例子。在施工阶段结束后,设施运营商可以使用有价值的 BIM 项目管理实施规划信息进行资产管理、空间管理和运营维护计划制定,以提高设施或设施组合的整体性能。然而,现实 BIM 应用中仍然存在一些未正确使用 BIM 的例子。例如,由于团队没有对 BIM 的实施进行有效规划,造成了建模服务成本的增加;由于缺少信息而导致计划延误,几乎没有给项目增加价值。BIM 的正确实施需要项目团队成员对其进行详细的规划和及时地调整,以便从可用的模型信息中成功实现 BIM 应用的价值。

BIM 可在项目全部建设过程中的多个阶段实施,但在确定信息建模过程中所需信息细节的适当范围和水平时,必须始终考虑当前的技术和实施成本。团队不应该只是关注项目是否应用 BIM,还应该准确定义 BIM 具体的实施领域和流程;并旨在应用 BIM 最大限度地实现并提高项目的价值时,最大限度地降低信息建模的成本。这需要团队有选择地确定 BIM 的实施领域,并详细规划 BIM 在这些领域的实施流程。

一、BIM 项目管理实施规划的必要性

为了将 BIM 技术与建设项目实施的具体流程和实践融合在一起,真正发挥 BIM 技术应用的功能和巨大价值,提高 BIM 实施过程中的效率,建设项目团队需要结合具体项目情况制定一份详细的 BIM 项目管理实施规划,以指导 BIM 技术的应用和实施。

BIM 项目管理实施规划概述了项目的整体目标和团队在整个项目中实施 BIM 应用的细节。BIM 项目管理实施规划应在项目初期开发,并随项目的逐步推进不断优化。此外,在项目建设寿命周期过程中,不断有新的项目相关方参与进来,要做好及时对 BIM 项目管理实施规划调整的工作;并应在项目实施的全过程中,根据需要对其进行监测、更新和修订。该规划主要包括四个基本实施步骤,分别是:①定义项目 BIM 项目管理实施规划目标和应用。②设计 BIM 项目管理实施规划目标的实施流程。③定义 BIM 项目管理实施规划各目标之间的信息交互。④确定支持 BIM 项目管理实施规划实现所需的配套基础设施(软、硬件)。

通过开发 BIM 项目管理实施规划,项目和项目组可以实现以下价值:①各方将明确了解 BIM 项目管理实施规划目标和应用的定义及实施流程。②各项目成员将明确其在 BIM 项目管理实施规划目标和应用实施过程中的作用和责任。③有助于设计一个更适合项目和项目组的业务实践流程与实施流程。④BIM 项目管理实施规划将对 BIM 成功实施所需的额外资源或其他能力进行概述。⑤BIM 项目管理实施规划将为项目组在未来应用 BIM 技术提供参考经验。⑥BIM 项目管理实施规划的采购部门将定义合同语言,以确保所有项目参与者均能履行其义务。⑦BIM 项目管理实施规划将提供衡量整个项目进展情况的依据。

与其他新技术的推广应用过程类似,当 BIM 由缺少经验的团队负责实施,或者在彼此不熟悉团队成员的策略和流程情况下实施时,可能会产生一定程度的额外风险。为此,在制定 BIM 项目管理实施规划过程时,要优先选择有相关 BIM 应用经验的成员,并且在将 BIM 项目管理实施规划制定好之后,要让相关参与者了解并掌握,从而减少 BIM 项目管理实施规划实施过程中的不确定因素,提高整个项目组的 BIM 项目管理实施规划水平,降低项目的额外风险,获得 BIM 项目管理实施规划实施的价值。

二、BIM 项目管理实施规划的制定者

为了制定 BIM 项目管理实施规划,应在项目初期组建规划团队。该团队应由项目所有主要参与者的代表组成,包括业主、设计师、承包商、工程师、主要专业承包商、设施经理和项目业主。对于业主和所有主要参与者来说,全面支持 BIM 项目管理实施规划过程是非常重要的。在确定 BIM 项目管理实施规划目标和应用的首次会议中,业主和所有主要参与者都应该派代表出席会议。BIM 项目管理实施规划目标和应用确定完成后,详细的规划流程和信息交互则可以由各参与方的 BIM 协调员来制定。

BIM 规划团队的组建应遵循以下原则:①BIM 团队成员有明确的分工与职责,并设定相应奖惩措施。②BIM 系统总监应具有建筑施工类专业本科以上学历,并具备丰富的施工经验、BIM 管理经验。③团队中包含建筑、结构、机电各专业管理人员若干名,要求具备相关专业本科以上学历,具有类似工程设计或施工经验。④团队中包含进度管理组管理人员若干名,要求具备相关专业本科以上学历,具有类似工程施工经验。⑤团队中除配备建筑、结构、机电系统专业人员外,还需配备相关协调人员、系统维护管理员。

(一)定义 BIM 项目管理实施规划的目标和应用

定义 BIM 项目管理实施规划的目标和应用是 BIM 项目管理实施规划过程中最重要的步骤之一,明确 BIM 项目管理实施规划的总体目标可以使项目和项目团队成员清晰地识别 BIM 在项目中的具体应用内容及流程,并可以帮助他们了解 BIM 项目管理实施规划所带来的潜在价值。BIM 项目管理实施规划目标和应用的确定既可以基于项目绩效,如减少项目建设时间、提高现场生产率、提高生产质量、降低成本或改善设施条件等,也可以基于项目团队成员的能力,如通过项目设计、施工和运营之间的信息交互,提高项目团队成员的 BIM 项目管理实施规划能力。从项目和团队的角度来讲,一旦团队确定了具有可行性的项目目标,就可以确定在该项目中的具体 BIM 目标和应用。

BIM 项目管理实施规划目标包括设计创作、4D 建模、成本估算、空间管理和记录建模等。项目团队应明确所确定的 BIM 目标和应用对项目的有利之处及各目标之间的优先级等。

（二）设计 BIM 项目管理实施规划目标实现流程

一旦团队确定了 BIM 项目管理实施规划目标和应用，就需要设计一个用于 BIM 项目管理实施规划目标和应用具体实施的流程。为此，开发了 BIM 项目管理实施规划目标实现的二级流程图。首先，开发总规图，该图显示了该项目的主要 BIM 项目管理实施规划目标之间的优先级和信息交互情况；其次，开发 BIM 项目管理实施规划目标具体实现的详细流程图，该图主要描述每一个 BIM 项目管理实施规划目标及应用的实践步骤和信息交付成果。流程图可以使所有项目团队成员清楚地认识到他们的工作与其他团队成员工作的联系及重要性。

（三）制定 BIM 项目管理实施规划目标之间的信息交互要求

在将 BIM 项目管理实施规划目标和应用确定，并完成 BIM 项目管理实施规划目标实施流程的制定后，接下来就应该明确各 BIM 项目管理实施规划目标之间如何进行信息交互。对于每个信息交互的参与者，特别是信息发出者和接收者，要求他们必须清楚地了解信息内容，因为他们要根据自己对于 BIM 项目管理实施规划目标的了解，定义信息交互表中信息交互内容。

（四）确定支持 BIM 项目管理实施规划实现的基础配套设施

在确定项目的 BIM 项目管理实施规划目标和应用之后，对 BIM 项目管理实施规划目标的实现进行了流程图设计，最后对 BIM 项目管理实施规划目标之间的信息交互也进行了详细定义，但为了确保 BIM 项目管理实施规划的成功实现，团队还必须确定整个 BIM 项目管理实施规划实施的软硬件和网络等基础配套设施，包括定义交互结构和合同语言、界定沟通流程、定义技术基础设施及确定质量控制流程等，确保构建高质量的信息模型。

三、BIM 项目管理实施规划信息分类

BIM 项目管理实施规划完成后，应首先解决以下信息：①BIM 项目管理实施规划信息记录。记录创建项目实施规划的原因。②项目信息。该 BIM 项目管理实施规划应包括的关键项目信息，如项目编号、项目位置、项目概况和项自工期要求等。③项目联系人。作为项目信息的一部分，BIM 项目管理实施规划应包括项

目关键人员的联系信息。④项目目标（BIM 目标）。该部分应记录 BIM 项目管理实施规划在项目中的战略价值和具体目标，通常由项目团队在规划流程的初期阶段确定。⑤组织角色和人员配置。确定项目各个阶段的 BIM 项目管理实施规划目标的组织者和实施过程的人员配置。⑥BIM 项目管理实施规划流程设计。通过 BIM 项目管理实施规划四步骤的第二步，设计 BIM 项目管理实施规划目标的详细流程图来进行流程设计。⑦BIM 项目管理实施规划信息交互。信息交互要求明确规定实施每个 BIM 目标所需的模型要素和细节水平等。⑧BIM 项目管理实施规划和设施数据要求。所有 BIM 项目管理实施规划团队成员都对 BIM 项目管理实施规划的要求必须了解并掌握。⑨协作程序。BIM 项目管理实施规划团队应制定电子协作活动程序。这包括模型管理程序的定义（如文件结构和文件权限）及日常的会议日程等。⑩模型质量控制程序。在整个项目 BIM 项目管理实施规划的实施过程中进行开发并监控，确保项目参与者按照要求工作。⑪技术基础设施需求。定义 BIM 项目管理实施规划所需的硬件、软件和网络等配套基础设施。⑫模型结构。BIM 项目管理实施规划团队应讨论和记录模型结构、文件命名结构、坐标系和建模标准等要素。⑬项目交付成果。团队应记录业主要求的交付物。⑭交付策略或合同。定义将在项目中使用的交付策略或合同。

四、BIM 项目管理实施规划流程与国家 BIM 标准的结合

美国国家 BIM 标准（NBIMS）是由建筑 SMART 联盟（美国国家建筑科学研究所的一部分）负责并进行开发的。NBIMS 的目标是确定和定义 BIM 项目所需的信息交互标准。BIM 项目管理实施规划旨在补充 NBIMS 规划中正在开发的信息交互标准要求。最终期望是 BIM 项目团队可以将 NBIMS 中的信息交互无缝集成到本 BIM 项目管理实施规划的第三步（制定信息交互要求）。

BIM 项目管理实施规划在提交潜在接受规划的同时，还将其作为制定 BIM 项目管理实施规划的依据纳入 NBIMS 的标准流程。如果行业规范了项目中 BIM 项目管理实施规划流程，项目团队成员可以以一种格式创建其典型的工作流程，以便与 BIM 项目管理实施规划流程轻松集成。如果所有团队成员都能绘制各自的标准流程，那么项目实施规划流程就是一个设计任务，这一设计任务定义了来自各个团队成员的不同工作流程，这也将使团队成员（包括业主）更快速有效地了解和评估 BIM 项目管理实施规划。

第二节　定义 BIM 项目管理实施规划目标和应用

制定一个 BIM 项目管理实施规划的第一步就是在项目和团队总目标的基础上确定相应的 BIM 项目管理实施规划目标和应用。当前 BIM 项目管理实施规划团队面临的一个最大的挑战是如何确定最适合的 BIM 目标,使确定的目标不仅可以反映项目特征,还可以进行风险分配。目前,已经有很多工作都与 BIM 项目管理实施规划相结合,而且 BIM 项目管理实施规划在这个过程中还带来了很多好处,这些好处经过反复实践总结,为 BIM 项目管理实施规划的进一步发展奠定了基础。

一、确定项目 BIM 项目管理实施规划目标和应用

确定 BIM 项目管理实施规划的具体目标和应用,需要项目团队优先确定 BIM 项目管理实施规划的项目总目标。而这些项目总目标应该是针对该项目的可量化及可操作性的特点,进而努力完善其规划、设计、结构流程等的目标。目标的种类一般应该与项目的性能相关,包括减少项目计划持续的时间、降低项目成本及提高项目的整体质量等。例如,常见的质量目标有:通过能源消耗模型的迅速迭代发展提供更有效的能源设计;通过详细的 3D 协调及控制模型创造更高质量的建筑设计;通过构建更精确的记录模型提高建筑信息模型的性能和试运转的质量。这些目标只是对 BIM 项目管理实施规划目标的建议,当项目团队开始确定项目实施 BIM 项目管理实施规划时,必须确定符合该项目自身条件的具体目标。

在确定项目 BIM 项目管理实施规划的目标时,最重要的是要关注那些可能与具体 BIM 应用有关的目标,而不是所有目标。目标的确定需要考虑自身在管理过程中的需求及现有 BIM 技术应用情况。例如,如果项目的一个目标是通过大量预制来提高现场劳动生产率和质量,那么该团队可以考虑"3D 协调"这一 BIM 应用,该应用能够帮助团队在施工前识别和纠正潜在的结构冲突,减少施工变更,提高施工生产质量。

二、BIM 应用说明

通过对行业专家的多次访谈、实施案例研究分析和文献综述,最终确定了项

目开发阶段组织的 25 个 BIM 应用。BIM 应用的简要说明如下。

(一)维护计划

这个过程包括建筑全寿命周期的建筑结构(墙、楼地面、屋顶等)功能定义和建筑设备服务(机械、电气、管道等)。一个成功的维护计划将改善建筑物的性能,减少维修,进而降低总体维护成本。

(二)建筑系统分析

这个过程是建筑物性能指标与设计过程之间的比较。包括机械系统的运行方式及建筑物使用能量的多少等。该分析不局限于通风立面研究,还包括其他方面,如照明分析、内部和外部通风计算及日照分析等。

(三)资产管理

这是一个有组织的管理系统与记录模型双向关联的过程,可以有效地帮助设施及其资产的运行和维护。这些资产包括建筑、系统、周边环境和设备,必须以最具成本效益的方式,以业主和用户满意的效率进行运行、维护和升级。它协助财务决策制定短期和长期规划,并生成预定的工作单。资产管理利用记录模型中包含的数据填充资产管理系统,然后用该系统确定改变或升级建筑资产成本的影响因素,隔离用于财务税务的资产成本,并维护可以生成公司资产的因素。双向链接还允许用户在维修模型之前对资产进行可视化,从而减少潜在的服务时间。

(四)空间管理与跟踪

使用 BIM 来有效地分配、管理和跟踪设施内的空间和相关资源的过程。设施建筑信息模型允许设施管理团队分析空间的现有使用情况,并有效地将该规划管理应用于任何适用的变更。这样的应用在项目维修期间特别有用,空间管理与跟踪可以确保在设施的整个寿命周期内适当分配空间资源。该应用程序通常需要与空间跟踪软件集成。

(五)灾害计划

应急响应以模型和信息系统的形式访问关键建筑信息的过程。BIM 将向参与者提供关键的建筑信息,以提高响应效率并最大限度地减少安全风险。动态建筑信息将由建筑自动化系统(BAS)提供,而静态建筑信息(如平面图和设备原理图)将保留在 BIM 模型中。这两个系统将通过无线连接进行集成,应急响应将被链接到整个系统。BIM 与 BAS 联合将能够清楚地显示紧急情况发生处在建筑物内的位置及到该位置的可能路线和建筑物内的任何其他有害位置。

(六)记录模型

记录模型是将设施的物理条件、环境和资产准确表示的过程。记录模型应包含有关主体的结构、机械、设备和管道元素等信息。这是整个项目中所有 BIM 建模的最终结果,包括将操作、维护和资产数据链接到建筑模型以方便给雇主或设施经理提供记录模型。如果雇主打算在将来利用这些信息,则可能还需要记录额外的信息,如设备和空间规划系统。

(七)场地使用规划

在施工过程的多阶段中,用 BIM 将现场永久和临时设施布置图形化表示的过程。它也可以与施工活动时间表相关联,以传达空间和工序要求。包含在模型中的附加信息可以包括劳动力资源、相关交货材料和设备位置信息等。由于 3D 模型组件可以直接链接到时间表上,所以可以通过不同的空间和时间数据来可视化长期规划、短期规划和资源配备等。

(八)施工系统设计

使用 3D 复杂系统设计软件来设计和分析建筑系统的构造(如模板、玻璃窗、异形梁等)以便改善施工规划的过程。

(九)数字化加工

使用数字化信息来促进建筑材料或组件的制造过程。数字化制造的一些用途可以在钣金制造、钢结构制造、管道切割等原型设计中看到。数字化制造有助于确保制造的下游阶段具有清晰和足够的信息来减少制造浪费。

(十)三维控制和规划

利用信息模型布局设备组件或自动控制设备运动和位置的过程。信息模型用于帮助在组装布局中创建详细的控制点。例如,墙壁的布局可以使用具有预加载点的全站仪或使用 GPS 坐标来确定是否达到适当的埋置深度。

(十一)3D 协调

通过比较建筑系统的 3D 模型,在协调过程中使用碰撞检测软件来确定现场冲突的过程。碰撞检测的目标是消除安装前的主要系统冲突。

(十二)设计建模

基于建筑设计的标准,使用 3D 软件来开发建筑信息模型的过程。BIM 设计过程的核心是两组应用程序,分别是设计创作工具和审查分析工具。创作工具创建模型,而审查分析工具则研究或增加模型中信息的准确性。大多数审查分析工具可用于 BIM 设计方案论证和工程分析应用。

(十三)工程分析(结构、日照、能量、设备和其他)

基于 BIM 模型设计规范,使用智能建模软件确定最有效的工程施工信息的过程。这些信息是雇主或者运营商进行建筑系统(能量分析、结构分析和紧急疏散规划等)的基础。这些分析工具和性能模拟可以在未来的寿命周期中显著改善设施的设计特性及其能源消耗。该应用的潜在价值包括:自动进行分析并节约时间和成本;更容易学习和应用并减少对既定工作流程的变动;提高设计公司所提供的知识及服务的专业性;通过运用各种严格的分析使得节能设计方案达到最优;提高质量并能减少设计所花费的周期时间。

日照分析已包含在此应用下。

(十四)能源分析

BIM 应用能源分析是设计阶段一个很重要的工具,主要通过一个或多个建筑能源模拟程序,使用适当的 BIM 模型进行当前建筑设计的能源评估。该 BIM 应用的核心目标是检查建筑能源消耗是否符合能源标准,并寻求机会优化建筑设计,以减少能源消耗,从而降低寿命周期成本。

(十五)结构分析(结构、照明、能源、机械和其他)

利用BIM设计分析模型分析给定模型结构体系的过程。按照建模最小化标准对结构设计进行优化。在结构设计进一步发展的基础上,创造高效可行和可构建的结构体系。这些信息的发展是数字制作和施工系统设计阶段的基础。

(十六)可持续发展(LEED)评估

根据LEED或其他可持续标准评估BIM项目的过程。这个过程应该包括建设项目的规划、设计、施工和运营的各个阶段。在规划和早期设计阶段将可持续特征应用于项目将会更加有效。LEED评估应用除了实现可持续目标之外,LEED审批流程还增加了一些计算、文档和验证的程序。

(十七)规范验证

使用规范验证软件根据项目特定编码,检查模型参数的过程。规范验证在美国目前处于初期发展阶段,并没有被广泛使用。然而,随着编码检查工具的不断发展,编码合规性软件有了进一步的发展,规范验证在设计行业中应用更加普遍。

(十八)规划文本编制

使用空间程序来高效准确地评估空间设计性能的过程。开发的BIM模型允许项目团队分析并了解空间标准和复杂性。在这个设计阶段,项目团队通过与业主讨论业主意愿和要求,在考虑为项目带来最大价值的前提下做出最佳关键决策。

(十九)设计方案论证

利益相关者查看3D模型并提供反馈意见以验证设计多个方面要求的过程。这些方面包括评估会议程序、预览空间环境和虚拟环境中的布局及设备的布置、照明、安全性、人体工学、声学、纹理和颜色等标准。

(二十)场地分析

利用基于 BIM 的 GIS 工具评估给定地区的特性以确定未来项目最佳地点位置的过程。收集的站点数据首先用于选择站点,然后根据其他标准对建筑物进行定位。

(二十一)阶段规划(4D 建模)

利用 4D 模型来有效地规划改造、扩建建筑活动的施工顺序和空间要求的过程。4D 建模是一个强大的可视化沟通工具,可以让项目团队、包括雇主等相关参与方,更好地了解项目进度和施工计划。

(二十二)成本估算(工程造价)

使用 BIM 模型在项目的整个寿命周期中生成准确的工程造价和成本估算数据的过程。这个过程允许项目团队在项目的所有阶段看到其变化的成本,可以帮助团队控制项目变更导致的预算超支。具体来说,BIM 可以提供添加和变更工程的成本,尽可能节省时间和金钱,尤其在项目的早期设计阶段使用最有利。

(二十三)现状建模

项目团队开发一个现场场地、现场设施或设施内现有特定区域的 3D 模型的过程。该模型可以通过多种方式开发,如激光扫描和常规测量技术,采取哪种开发方式主要取决于所需的内容和对方法的要求。一旦模型建成,无论是新建建筑还是已有建筑都可以查询相关信息。

(二十四)物料跟踪

利用 BIM 在挑选材料供应商阶段,通过对过去建设项目所用材料数据进行收集,掌握材料的信息,通过分析论证确定最优的材料供应商,保证材料从源头供应的质量安全;在材料进场阶段,通过 BIM 模型提供的材料清单和验收标准单据,方便快捷地依照规范标准要求,对进场材料实施检查验收,保证材料规格、型号、品种和技术参数等与设计文件相符,确保材料质量;在材料领取使用阶段,可以参照施工进度计划,提供材料明细表,确定材料用量,保证限额领料。将 BIM

和射频识别技术(RFID)结合,可以对建筑材料实施自动化实时追踪管理,对现场材料实施更加精准高效的管理。

(二十五)绿色建筑评估

绿色建筑是从节能建筑发展形成的建筑新理念,随着绿色建筑设计的快速发展,绿色建筑评估体系也逐渐成熟。基于 BIM 技术设计的绿色建筑预评估系统由三层结构组成,具体包括:①三维 BIM 模型,以基础信息数据为载体,通过对计算结果进行分析比对,提高建筑的节能、节水、节材效果,并降低在建筑生产和使用过程中对环境产生的影响;②建筑基础信息分析和处理层,利用三维图形平台,提取建筑方案设计和结构设计中的材料使用情况、能源消耗等信息数据,对其进行计算和分析,根据绿色设计要求对各专业设计进行调整;③可视化表达,在三维图形平台上对建筑模型进行可视化展示,帮助分析人员直观地获取分析结果,实现各项分析数据的三维表达。

三、概念模型

为使 BIM 项目管理实施规划成功实施,要求团队成员必须了解他们正在开发的模型在未来的应用情况。例如,当建筑师向建筑模型添加墙壁时,该墙可以携带关于材料数量、设备属性、结构属性和其他数据属性的信息。建筑师需要知道这些信息将来是否会被应用,如果会被应用,它将如何被应用。

为了强调信息的寿命周期,确定 BIM 项目管理实施规划的目标,项目团队应该首先考虑项目的后期阶段,以了解在此阶段哪些信息是有价值的。然后,他们可以按照相反的顺序(运营、建造、设计、然后再规划)返回所有的项目阶段,同时确定相应的 BIM 项目管理实施规划目标和应用。这个"概念模型"确定了项目寿命周期中早期流程应支持的下游信息需求。通过确定这些下游 BIM 应用,团队可以识别并确定可使用的项目信息和 BIM 项目管理实施规划目标之间的信息交互。

四、BIM 项目管理实施规划目标和应用流程选择

(一)BIM 项目管理实施规划应用选择工作表

BIM 项目管理实施规划目标定义完成后,项目团队就应该明确团队成员各自

为实现 BIM 项目管理实施规划目标的任务。由于 BIM 项目管理实施规划最终关注的是整个过程的期望结果,因此,为了使 BIM 项目管理实施规划的目标更加明确,该团队应从运营阶段开始,通过提供高、中、低三项来确定每个 BIM 应用的价值。然后,团队才可以前进到前一个项目阶段(建造、设计和规划)。

为了帮助规范化 BIM 应用审查过程,BIM 研究人员开发了 BIM 应用选择工作表。此选择工作表是潜在 BIM 应用的列表,包含项目价值、责任方、责任方价值、能力等级、实施所需的额外资源或能力及团队是否使用。

(二)BIM 应用选择工作表流程

要完成 BIM 应用选择工作表,团队应与项目关键利益相关者通过以下步骤确定。

▶▶ 1. 确定潜在的 BIM 应用

每个 BIM 应用的定义和说明已在前面详细介绍。在确定 BIM 应用时,重要的是团队要考虑每个潜在应用,并考虑与项目目标的关系。

▶▶ 2. 确定每个潜在 BIM 应用的责任方

对于正在考虑的每个 BIM 应用,应至少确定一个责任方。责任方包括任何参与 BIM 应用的团队成员及可能需要协助实施的潜在的外部参与者。在电子表格中首先列出主要负责人。

▶▶ 3. 通过以下类别评估每个 BIM 应用中每个参与方的能力

资源——组织是否拥有满足实施 BIM 应用所需的必要资源,包括:①人员及配套基础设施——BIM 团队;软件;软件培训;硬件;IT 支持。②能力——参与方是否有足够的知识能力来保证 BIM 应用的具体实施,为了保证这种能力,参与方应该了解 BIM 应用的细节及如何在项目中应用的具体情况。③经验——参与方过去是否有应用 BIM 的团队经验。参与方是否拥有 BIM 应用相关的经验对于项目实施的成功至关重要。

▶▶ 4. 确定与 BIM 应用相关的额外价值和风险

BIM 团队应该考虑 BIM 应用的潜在价值及继续使用每个 BIM 应用可能引

起的额外风险。这些价值和风险要素应纳入 BIM 应用选择工作表的"备注"列中。

▶▶ 5. 确定是否使用 BIM 应用

在 BIM 团队结合项目实际情况及现有技术条件等详细讨论每个 BIM 的应用情况后,最后要确定是否使用该 BIM 应用。在这一过程中,要求 BIM 团队首先确定项目的潜在价值或利益,将此潜在价值或利益与 BIM 应用实施成本进行比较;然后再考虑实施与不实施 BIM 应用的风险因素;在一番分析比较后,斟酌是否使用 BIM 应用。例如,一些 BIM 应用可以显著降低整体项目风险,但可能会将风险从一方转移到另一方,在某些情况下,BIM 应用的实施可能会在一方履行其工作任务时增加风险。一旦考虑到所有风险因素,团队需要对每个 BIM 应用做出"使用或者不使用"的决定。此外,还可以考虑利用现有 BIM 应用情况,因为 BIM 团队决定的 BIM 应用一般情况下都有好几个,如果 BIM 团队了解到本团队有成员在其他项目已经使用过某个 BIM 应用,则可以考虑继续使用。最后,还要考虑 BIM 应用在本项目中已有的应用,如果 BIM 团队了解到本团队有成员在本项目已使用过某个 BIM 应用,则可以考虑继续使用。例如,项目在建筑设计阶段是在 3D 参数建模应用程序中创建的,那么就可以考虑使用 3D 协调这一 BIM 应用了。

第三节 设计 BIM 项目管理实施规划流程

在确定每个 BIM 项目管理实施规划目标和应用后,有必要了解整个项目的每个 BIM 项目管理实施规划目标和应用的具体实施过程。本节介绍设计 BIM 项目管理实施规划流程的方法。在此方法中开发的流程图可使团队了解整个 BIM 项目管理实施规划流程,确定信息交互过程(多个参与方之间),应用流程图可以使 BIM 团队更加有效地实现此步骤。这些流程图也将作为确定其他重要实施主体的基础,包括合同结构、BIM 交付要求、信息技术基础设施和未来团队成员的选择标准等。

一、绘制项目实施规划流程

项目的 BIM 应用流程需要项目团队先开发一个总规图,显示如何实施不同的 BIM 应用。然后,再对每个具体的 BIM 应用开发详细的实施流程,以更多的细节来定义特定的 BIM 应用。为了实现这种两级方法,本文采用了业务流程建模表达方式(BPMN),以便各种项目团队成员创建格式一致的流程图。

(一)1 级:BIM 总规图

总规图显示将应用于项目的所有 BIM 应用之间的关系及在项目全寿命周期内发生的高级别信息交互。

(二)2 级:BIM 应用详细流程图

为每个特定的 BIM 应用创建详细的 BIM 应用实施过程,以清楚地定义要实施的各种工作的顺序。这些图还标识了每个流程的责任方、参考信息及与其他流程共享的信息交互情况。

二、创建 BIM 总规图

本部分详细介绍如何将潜在的 BIM 应用于创建 BIM 总规图。

一旦团队确定了项目的 BIM 应用,团队可以通过将每个 BIM 应用作为元素添加到总规图中启动实现。重要的是,如果在项目寿命周期内多次执行同一个 BIM 应用,则可以在多个位置将其添加到总规图中。确定总规图的流程如下。

(一)根据项目进度安排确定 BIM 总规图中 BIM 应用的顺序

项目的 BIM 团队在确定了 BIM 应用及流程后,要按照项目进度安排确定这些 BIM 应用的顺序。总规图的目的之一就是确定每个 BIM 应用的阶段(例如,规划、设计、建造或运营),并向 BIM 团队提供执行顺序。为了简化 BIM 应用过程,设定 BIM 应用顺序与 BIM 可交付成果保持一致。

(二)确定每个 BIM 应用过程的责任方

明确确定每个 BIM 应用过程的责任方。对于一些简单的 BIM 应用过程,这可能是一个比较容易的任务,但对于其他一些比较复杂的 BIM 应用可能不是这么简单。无论是简单的还是复杂的 BIM 应用,最重要的是考虑哪个团队成员有能力完成此任务,对于比较复杂的 BIM 应用可以选择多个责任方共同协作完成,但要注意多个责任方必须分工明确、责任明晰。

每个过程应包括 BIM 应用名称、项目阶段、责任方和 BIM 应用的详细流程图，这个详细流程图在总规图中不体现出来。这样做的目的是实现信息共享，因为不同阶段的相同 BIM 应用的详细流程图都相同。例如，施工单位可以从设计者提供的概念设计阶段的建筑物信息执行成本估算这一详细流程图进行成本估算，也可以根据建筑师提供的设计开发阶段的建筑物信息执行成本估算这一详细流程图获得成本估算结果，还可以通过工程师提供的施工文件的建筑物信息执行成本估算得出成本估算值，虽然这三个成本估算过程在不同的阶段，但都是基于同一套流程图实现的。

(三)确定实施每个 BIM 应用所需的信息交互

BIM 总规图包含了特定 BIM 应用内部或 BIM 应用与责任方之间共享的关键信息交互。在当前的 BIM 应用中，这些交互通常通过数据文件的形式来实现，当然也可以将信息输入公共数据库实现共享。

来自 BIM 应用流程图的交互是 BIM 应用内部的信息交互，而来自 BIM 总规图的交互是 BIM 应用外部的信息交互。

三、创建详细的 BIM 应用流程图

在创建 BIM 总规图之后，必须为每个特定的 BIM 应用创建详细的 BIM 应用流程图，以便确定在该 BIM 应用中执行的各种工作的顺序。需要注意的一点是，每个项目和每个 BIM 团队都是独一无二的，所以每个特定的 BIM 应用的实现流程也是独一无二的，但是为了规范化 BIM 应用的流程，BIM 团队需要制定相应 BIM 应用的流程图模板，以实现项目和团队目标。例如，应用特定的计算机程序制定能源设计的流程图模板。

详细的 BIM 应用流程图包括三类信息：①参考信息。执行 BIM 应用所需的结构化信息资源(企业和外部)。②流程。构成特定 BIM 应用的逻辑顺序。③信息交互。一个流程的 BIM 应用产生的可交付成果可能会成为其他流程的基础资源。

要创建一个详细的流程图，一个团队应该按照以下步骤完成创建。

(一)将 BIM 应用层次分解成一组流程

首先将 BIM 应用层次分解成一组流程，然后确定 BIM 应用的核心流程并用

BPMN 中的"矩形框"表示。

(二)定义流程之间的依赖关系

在确定好 BIM 应用的核心流程后,接下来定义各流程之间的依赖关系。项目团队需要确定每个流程的紧前工作和紧后工作,在某些情况下,一个流程可能有多个紧前工作或紧后工作。确定完流程之间的相互依赖关系后应用 BPMN 中的"序列流"连接这些流程。

(三)使用以下信息制定详细流程图

▶▶ 1.参考信息

在"参考信息"通道中确定完成 BIM 应用所需的信息资源。参考信息包括成本数据、气候数据和产品数据等。

▶▶ 2.信息交互

所有信息交互(内部和外部)都应在"信息交互"通道中定义。

▶▶ 3.责任方

确定每个流程的责任方。

(四)在流程的重要决策点添加目标逻辑关系验证流程

目标逻辑关系验证可用于判断流程的可交付成果或结果是否满足 BIM 项目管理实施规划目标要求。它也可以根据决策结果修改流程路径。目标逻辑关系验证为项目团队提供了在完成 BIM 应用之前所需的任何决策、迭代或质量控制检查的机会。

(五)记录、审查和完善此过程供进一步应用

该 BIM 应用详细流程图可以由项目团队进一步开发完善用于其他项目。在整个 BIM 实施过程的不同时间节点保存和审查,并定期按照实际项目进行情况更新详细流程图,在项目完成后,对项目规划流程图与实际应用流程图比较分析,

找出 BIM 应用流程图的优点与不足,为以后 BIM 应用积累经验。

四、BIM 流程图的表达方式

对于 BIM 项目管理实施规划,详细流程图开发的首选表达方式是 BPMI 标准化组织开发的业务流程建模表达方式(BPMN)。BPMN 的主要目标就是要提供被所有业主用户理解的一套标记语言,BPMN 定义了基于流程图技术的业务流程图,同时为创建业务流程操作的图形化模型进行了裁剪。为了制定 BIM 项目管理实施规划目标的流程图,使用符合 BPMN 规范中的表达方式。

第四节　信　息　交　互

提出 BIM 应用之间进行信息交互的方法,为了定义该方法,BIM 团队需要了解每个特定的 BIM 应用所需交付的信息及实现的条件。信息交互工作表应该在项目早期设计阶段和 BIM 应用流程图确定之后完成。

一、项目输入、输出信息

在一个项目模型中并不是所有元素都是有价值的,只需要关注特定的 BIM 应用所必需的模型元素。

二、信息交互工作表

BIM 应用流程图开发后,项目参与者之间的信息交互已经相当明确。但对于团队成员,特别是每个信息交互的信息发出者和接收者来说,清楚了解交互信息的内容更加重要。创建信息交互要求的过程详述如下。

(一)从一级流程图中识别每个潜在的信息交互

从一级流程图中识别每个潜在的信息交互,界定 BIM 应用间的信息交互。一个 BIM 应用可能有多个信息交互,然而为了简化过程,只需要以一个 BIM 应用来反映其他 BIM 应用的信息交互。另外,信息交互的时间应该从一级流程图中得出。这样可以确保其他相关参与方知道 BIM 应用可交付成果何时可以按照项目的时间进度完成。如有可能,BIM 应用信息交互可按照时间顺序列出,以便对模型的进展情况进行可视化表示。

(二)为项目选择一个模型元素细分结构

项目组建立了 BIM 应用信息交互工作表(IE)后,还应该选择项目的清单分类结构。目前,IE 工作表使用 CSI Uniformat II 结构;但是,BIM 实施项目网站还提供其他选项。

(三)确定每个交互所需的信息(输出和输入)

按以下信息定义每个信息交互。

▶▶ 1.信息接收者

识别接收所有项目团队成员的信息以便未来 BIM 应用需要。所有项目参与者都可能成为信息接收方。

▶▶ 2.信息文件类型

列出每个 BIM 应用在实施阶段使用的特定软件应用程序及版本。确定信息交互之间的互操作性。

▶▶ 3.信息

仅识别 BIM 应用实施所需的信息。目前,IE Worksheet 使用三层细节结构。(①准确的尺寸和位置,包括材料和对象参数;②一般站点和位置,包括参数数据;③示意图尺寸和位置)。

▶▶ 4.向信息发出者分配责任方需要的信息

信息交互中的每个 BIM 应用都应该有一个负责创造信息的责任方。创造信息的责任方要求能够以最高的效率生产。另外,输入的时间应该基于一级流程图的时间进度表。潜在责任方有设计师、承包商、设备管理师、MEP 工程师、土木工程师、结构工程师和贸易承包商。

▶▶ 5.比较输入与输出内容

在完成了信息输入定义和交互任务以后,还需要对模型输出信息与输入信息进行比较,如果出现模型输出信息与输入信息不符的情况时,需要从两方面进行补救。

(1)输出信息交互要求

可以将信息提升到更高的准确度增加附加信息(例如,向外墙添加 R 值);也可以对信息进行修改。

(2)输入信息交互要求

根据信息交互要求更换实施 BIM 应用的责任方。

第五节　确定支持 BIM 项目管理实施规划实现的基础设施

BIM 项目管理实施规划过程的最后一步即识别和定义支持 BIM 项目管理实施规划实现所需的配套基础设施,为 BIM 项目管理实施规划的有效实现提供保证。通过分析相关文献、总结当前 BIM 项目管理实施规划现状和业界专家深度讨论及各种工程实际应用的基础,得出了支持 BIM 项目管理实施规划实现的十四个特定类别的基础设施,分别为 BIM 项目管理实施规划、项目信息、项目合同、项目 BIM 目标及应用、组织角色与人员配置、BIM 流程设计、BIM 信息交互、BIM 和设施数据需求、协作策略、质量控制、技术基础设施需求、结构模型、项目可交付成果、交付策略或合同。前面已经详细地介绍了 BIM 项目管理实施规划、项目合同、项目 BIM 目标及应用、BIM 流程设计、BIM 信息交互、BIM 和设施数据需求。现就项目信息、组织角色与人员配置、协作策略等几个重要的基础设施类别进行介绍。

一、项目信息

在制定项目的 BIM 项目管理实施规划时,BIM 团队应审查和记录重要的项目信息,这些信息对于 BIM 团队来说是非常有价值的,可以为将来继续使用 BIM 项目管理实施规划提供参考。本部分介绍的项目信息主要是对当前和将来有价值的基本项目信息,主要用来介绍项目的基本情况,帮助他人更加方便简单地了解项目信息。项目信息主要包括项目负责人、项目名称、项目地址、合同类型、项目主要描述、BIM 过程设计、项目数目、项目规划等项目关键信息概况。除此之外,附加信息,如项目特点、项目预算、项目要求、合同状态、资金状态等也需要包括在项目信息中。

二、组织角色与人员配置

组织势必有组织角色与人员配置,这是组织高效运转及组织存在的必备因素。在每个组织,人员的角色及其特定的职责必须被明确定义。对于每个特定的 BIM 应用,BIM 团队必须明确如下信息:该 BIM 应用应该由哪些组织完成,该组织应该包含多少工作成员,该组织完成此项 BIM 应用应该花费多长时间,该 BIM 应用有哪几个具有挑战性的项目,该组织的人员如何合理分配等。

三、协作策略

BIM 团队应该记录项目团队如何进行协作。记录时需要记录成员沟通方法、文件管理和传输、存储和适用情况等。协作活动程序应定义特定的协作活动,包括活动发生的时间、地点、频率及参与者等。具体可通过以下三个步骤实现。

(一)提交和批准信息交互的模型交付时间表

确定 BIM 应用双方的信息交互时间表。为了方便资料管理可以按照以下格式将所有信息交互记录在一起。具体应包括的信息有:信息交互名称;信息交互发送者;信息交互接收者;时间或频率;交互模型文件类型;用于创建交互模型文件的软件;文件交互类型(接收文件类型)等。

(二)创建交互式工作空间

项目团队在进行必要的协作、沟通和评审等活动时,必须有合适的工作空间。合适的工作空间为 BIM 项目管理实施规划的成功实施提供了物质支持。对于交互式工作空间的选择,项目团队不仅应该考虑整个寿命周期所需的物理环境,还需要考虑配备的必要工作设施,如计算机、投影仪、钟表及桌凳等。

(三)电子通信程序

电子通信程序是所有项目团队成员沟通的方式。所有参与者的电子通信可以通过一个项目协作管理系统创建、上传、发送和归档,并且保存所有与项目相关的通信副本方便共享和审查。此外,文件管理(文件夹结构、权限和访问形式,文件夹维护,文件夹通知和文件命名约定)也应该被解释和定义。

四、质量控制

项目团队应确定和记录他们的整体战略质量控制模型。为了确保项目阶段和信息交互之前的模型质量，项目团队必须对每一个 BIM 应用进行详细定义，包括 BIM 应用模型的内容、信息详细水平、模型的实施程序及格式和模型完善更新的责任人等。每一个 BIM 应用都应该有一个责任人负责专门协调模型，这个人作为 BIM 团队的一员，不仅要按照 BIM 团队要求参与所有与 BIM 应用相关的活动，还要负责模型的协调，保证模型数据的及时更新和准确全面。

其次应该关注于交付物的质量控制，交付物的质量控制必须在每个 BIM 应用中完成，数据质量的标准应由 BIM 团队在 BIM 项目管理实施规划过程中建立，团队可以参考 AEC CADD 和国家建筑信息模型标准等已有成熟的标准。如果可交付成果不符合团队标准，则直接影响未来交付成果的质量，此时 BIM 团队要及时对可交付成果不满足标准的原因进行调查并改善，最终做到交付成果既满足业主要求又满足项目团队既定的标准。

五、技术基础设施需求

BIM 团队应确定项目所需的计算机硬件、软件、软件许可证、网络和建模平台等技术基础设施需求，以保证 BIM 项目管理实施规划的成功实施。

(一)软件和许可证

BIM 团队和组织需要确定在 BIM 项目管理实施规划中 BIM 应用需要哪些软件平台及版本，并通过合法的途径获得软件许可证，构建项目的软件平台并确定信息交互的文件格式，解决软件之间的互操作性问题。此外，BIM 团队应同意更改或升级软件平台和版本的要求，以防某一方不参与创建模型或软件存在互操作性问题。

(二)计算机硬件

一旦确定信息要在多个学科或组织之间实现交互，那么对计算机硬件的要求就不得不提上议程，为了避免计算机硬件性能不能保证构件信息的实现，在选择计算机硬件的时候要选择满足最高需求和最适合 BIM 应用的硬件。

在项目 BIM 实施过程中,根据工程实际情况搭建 BIM Server 系统,方便现场管理人员和 BIM 中心团队进行模型的共享和信息传递。通过在项目部和 BIM 中心各搭建服务器,以 BIM 中心的服务器为主服务器,通过广域网将两台服务器进行互联,然后分别给项目部和 BIM 中心建立模型的计算机进行授权,就可以随时将自己修改的模型上传到服务器上,实现模型的异地共享,确保模型的实时更新。

①项目拟投入多台服务器,如项目部——数据库服务器、文件管理服务器、Web 服务器、BIM 中心文件服务器、数据网关服务器等、公司 BIM 中心关口服务器、Revitserver 服务器等。②几台 Nas 存储,如项目部——10 TB Nas 存储几台、公司 BIM 中心——10 TB Nas 存储几台。③几台 UPS,如 6 kVA 几台。④多台图形工作站。

六、交付策略或合同

在项目实施 BIM 项目管理实施规划之前,就应该确定项目可交付成果的交付策略或者交付合同。理想情况下,使用更综合的交付方法,如设计建造或集成项目交付(IPD),虽然更综合的交付方法会为项目带来更好的结果,但并不是所有的项目都可以采用集成的交付方法。此外,需要注意一点是,在选择交付策略或合同时,需要充分考虑未来的分包商及监理单位等,也需要考虑哪些 BIM 应用步骤是必要的,以确保 BIM 项目管理实施规划无论哪种交付方法都可以成功实施。

(一)项目交付方法的确定

如果项目合同类型或交付方法尚未确定,在确定之前最主要的是考虑 BIM 项目管理实施规划如何实施。所有的交付方法均可以受益于 BIM 应用,但交付方法的核心是在 BIM 项目管理实施规划实施过程中实现 BIM 应用更容易与更高层次的集成。在考虑 BIM 项目管理实施规划对交付方法的影响时,规划小组应考虑以下 4 个主要方面:①组织结构;②采购方法;③典型交付方法;④工作分解结构。

选择交付方法和合同类型时需要考虑 BIM 要求。综合项目交付(IPD)和设计建造是高度集成的项目支付方式,方便基于风险和奖励结构的知识共享,发布包含 BIM 地址、交货结构和承包方式的新合同。

如果前期不打算在项目中使用 IPD 和设计建造的交付方法,其他交付方法仍然可以成功地实现 BIM 项目管理实施规划,如设计投标建造。当使用一个不太集成的交付方法时,首先采用一个初始的 BIM 应用实施过程,然后再分配角色和责任。最重要的一点是,交付物要在团队的所有成员之间流通,如果交付物不能实现流通,就有可能降低 BIM 应用的质量,甚至导致项目的 BIM 项目管理实施规划不能成功实施。

(二)团队的选择程序

BIM 项目管理实施规划团队在选择未来项目团队成员时,不仅需要考虑项目需求和项目团队成员标准,还需要考虑其 BIM 应用的综合能力。当创建项目团队成员标准时,项目团队需要审查在 BIM 项目管理实施规划过程中选择的每个 BIM 应用的具体能力需求,在确定好所有能力需求后,项目团队应该要求新项目成员通过先前的工作或演示的例子来检验他们具备这些能力。最重要的一点是,所有的项目团队成员都必须履行他们的 BIM 职责。

(三)项目交付合同

在项目中集成 BIM 应用不仅提高了 BIM 项目管理实施规划过程实现的效率,而且还增强了项目协作的程度。协作作为合同特别重要的一部分,具有对在项目交付过程中的变化程度和潜在责任的部分控制能力。业主和团队成员应仔细起草 BIM 合同要求,因为其将指导所有参与者的行为。在合同中需要考虑模型共享和可靠性、互操作性和文件格式管理、知识产权要求、BIM 项目管理实施规划。

BIM 项目管理实施规划的标准合同要包括项目必要的信息。如为解决 BIM 项目管理实施规划实施问题,有几次合同变更或合同形式修改等。书面的 BIM 项目管理实施规划应该在项目开发合同中被具体地引用和定义,以便团队成员参与 BIM 项目管理实施规划和实施过程。

BIM 项目管理实施规划的要求也应纳入监理、分包商和供应商协议。例如,该 BIM 团队可能要求每个分包商模拟 3D 设计协调的工作范围,或者他们希望接收到来自供应商的模型和数据,以便将其纳入 3D 协调或记录模型中。监理、分包商和供应商要求的建模内容必须在合同中明确定义,包括模型的范围、建模进度计划和文件及数据格式等。合同中的关于 BIM 项目管理实施规划的要求,都需要团队成员按照合同履行。如果有未写入标准合同的额外要求,需要在合同中明确定义。

第六节 实施 BIM 项目管理实施规划流程和组织

一、实施 BIM 项目管理实施规划流程

BIM 项目管理实施规划的实施是一个协作过程。例如,讨论总体项目目标、确定项目 BIM 应用,定义信息交互所需文件格式等。BIM 项目管理实施规划的成功实施关键就在于协作工作的顺利开展,即在需要进行协作工作时确保能够及时筹备安排会议,并且能够高效完成协作任务。BIM 项目管理实施规划可以通过一系列协作会议完成,通常情况下会有四个会议系列,这四个会议系列与 BIM 项目管理实施规划实施的四个步骤相呼应。介绍这四个会议系列的目的,是为 BIM 团队提供一个固定的制定 BIM 项目管理实施规划的会议结构。但是对于一些项目,团队也可以通过会议之间的有效协作减少会议次数。

BIM 团队在确定会议结构时需要考虑会议时间表,这个时间表应该确定预安排的会议及会议的预定日期。

此外,一旦 BIM 项目管理实施规划及会议结构被创建,就需要在整个项目过程中不断地落实、审查和更新。特别是在新成员加入项目组时,一定要将创建的 BIM 项目管理实施规划转达给新成员。此外,由于新成员的加入及可用技术的修订、项目总体状况的变化及实际实施进程的改变,团队必须不断调整完善计划情况,并将原始计划的任何修改准确记录以备将来应用和参考。最后,要求来自各个 BIM 应用团队的 BIM 经理至少每月会面一次,讨论项目 BIM 项目管理实施规划的进展情况,并解决团队成员遇到的任何困难。这些会议也可以与其他 BIM 应用团队会议合并,但无论会议是什么形式,最关键的是解决在实施 BIM 项目管理实施规划过程中的问题,监测 BIM 项目管理实施规划的进展情况。

二、BIM 项目管理实施规划的组织

BIM 项目管理实施规划是需要由相关组织来开发的一种典型方法。本节的目的是定义组织如何应用 BIM 项目管理实施规划流程来开发 BIM 项目实施的典型方法。重新审视 BIM 项目管理实施规划概念,可以得出组织在 BIM 项目管理实施规划实施过程中发挥着重要的作用。为了使 BIM 项目管理实施规划发挥最

大效益,各组织必须愿意与项目组共同开发和分享这些信息。组织是支持集成
BIM流程的基础,通过这些集成BIM流程进行信息交互,最终形成信息模型。

组织的任务是制定组织内部标准,将BIM项目管理实施规划应用于组织层
面并在BIM项目管理实施规划实施之前完成。将每个利益相关者作为规划的对
象,并允许他们能够修改现有的组织标准。此外,这些组织标准可以在组织内共
享,组织可以参考BIM项目管理实施规划的四步骤创建BIM项目管理实施规划
标准,以供将来使用。

(一)BIM 任务说明和目标

组织应创建BIM任务说明。在创建任务说明时,首先考虑为什么BIM对组
织至关重要及如何在创建BIM任务说明提案上获得竞争优势,在提高生产力、提
高设计质量、反映行业需求、满足业主需求或改进创新等方面应用BIM。制定明
确的BIM任务说明,为未来与BIM有关应用奠定基础。

在创建BIM任务说明后,项目组应制定基于本项目的BIM标准项目目标
清单。该清单包括的项目类型可以是必需的、推荐使用的或者是可选择使用的
这三类。制定的目标应根据单个项目和团队的特点进行适当调整。为了缩短
制定BIM目标清单的时间和保证目标清单的全面性,可以参考已有的成熟目标
清单。

(二)BIM 应用

项目组应该为未来的项目定义典型的BIM应用,以符合组织内确定的目标。
每个项目都需要根据组织和项目的特点来选择并定义一些BIM应用。标准BIM
应用可以通过BIM项目管理实施规划的工具来确定,如BIM应用分析工作表,使
用此工作表,项目组可以评估组织当前拥有的BIM应用能力及每个应用所需的
额外能力。在定义或者选择BIM应用时,要认识到各个BIM应用都是建立在彼
此的基础之上的。虽然项目组的人员相对于BIM应用责任方较少,但项目组选
择和制定的BIM应用对于整个项目BIM项目管理实施规划的实施至关重要,通
过BIM应用责任方的参与,确保BIM应用的成功实现。

(三)BIM 流程图

项目组应创建标准BIM流程图,供本项目所有参与者了解具体BIM应用流

程。首先,创建一个 BIM 总规流程图,即一级流程图。这是对项目组选择和制定的所有 BIM 应用的先后顺序及信息交互的一个总述。由于每个项目的不同,创建的 BIM 总规流程图也不尽相同。其次,应该根据 BIM 总规图对每个特定的 BIM 应用创建详细流程图,即二级流程图。每一个 BIM 应用的二级流程图都包含多个过程,为此需要根据软件、细节级别、合同类型、交付方式和项目类型等来创建。此外,还应该为每个详细流程图创建标准和规范,以便 BIM 应用的成功实施。

(四)BIM 信息交互

项目组应为他们实施的每个 BIM 应用建立标准的信息交互模型。项目组应确定实施每个 BIM 应用所需的资料,确定负责管理资料的相关责任人及确定信息交互的首选信息文件格式,并根据不同的条件(如软件平台、细节级别和项目复杂程度等)为每个 BIM 应用创建多个信息交互。此外,模型元素细分也应在整个项目组制定 BIM 应用信息交互过程中进行选择和标准化,了解每个 BIM 应用的信息要求将大大简化 BIM 项目管理实施规划难度。

(五)BIM 基础设施

在制定 BIM 项目管理实施规划的组织标准时,必须考虑实施所选进程所需的所有资源和基础设施。对于每个 BIM 应用的选择,规划团队应确定实施每个应用的人员;根据项目规模、复杂程度、细节水平和范围,制定适应每个 BIM 应用人员的计划;还要确定哪些人员来监督 BIM 应用的实施过程。

项目组应制定标准协作程序,即根据不同的项目类型和交付方法制定标准协作策略。此外,项目组还应该确定标准协作活动和会议,制定标准的电子通信程序等。具体包括以下几点:确定文件存储和备份系统;确立标准文件的结构形式;制定标准细节命名规则;确立标准内容库;确定外部和内部信息交互的标准。

除协作程序外,信息管理质量保证和控制对于一个项目来说也是很重要的。信息模型的质量可以显著影响项目的质量。因此,项目组应该制定标准的质量控制流程,做好这些流程的记录,并付诸实施,以达到每个信息建模所需的质量水平。

项目组还应评估每个 BIM 应用的软件和硬件设施使用情况,并将技术基础设施需求与当前软件和硬件条件进行比较,并进行必要的升级和购买,以确保软件和硬件不会限制建模性能。如果设备不到位,则可能导致 BIM 应用的生产力降低以增加时间和建造成本。

根据不同的项目特点来建立典型的项目可交付成果清单。项目所有者应根据规划过程中生成的所有信息来建立每个项目的可交付成果清单。设计师和承包商也应该创建一个 BIM 应用的"清单",为整个项目增添价值。

最后,考虑如何将 BIM 项目管理实施规划纳入主合同和分合同是很关键的。BIM 项目管理实施规划的要求,包括 BIM 项目管理实施规划目标、BIM 应用和信息交互等,都应写入合同。

(六)制定 BIM 项目管理实施规划

通过实施组织层面的规划,团队可以减少在规划过程的每个步骤上花费的时间,并通过定义其标准目标、应用、流程和信息交互来确保可管理的规划范围。BIM 项目管理实施规划流程要求组织提供与标准做法相关的信息进行信息交互。虽然某些合同结构可能会为协作带来困难,但此过程的目标是让团队开发一个包含可交付成果的 BIM 流程,这对所有参与的成员都是有帮助的。为了达到这个目标,项目团队需要有开放的沟通渠道。如果想要成功,项目的团队成员必须构建流程,并愿意与其他团队成员分享这些流程中的知识内容。

(七)BIM 样本效率测试

相关部门和项目管理者希望根据标准采购流程、相关建筑部门调整、采购策略选择来制定测试模板。通过先前项目应用 BIM 可以积累经验和知识,而且还可以将 BIM 应用带来的好处加入未来项目效率测试中去。

第七章　建筑施工目标管理

第一节　建筑施工进度控制

一、建筑施工进度管理概念

建筑施工进度管理是指对施工项目工作内容、工作程序、工作时间、工作逻辑关系根据进度总目标及资源优化配置的原则进行管理。在进度计划实施过程中，对出现的偏差进行分析，采取一定的措施进行调整甚至修改原计划，对施工进度计划进行全面的和综合性的管理工作，确保工程建设顺利进行，将项目的计划工期控制在事先确定的目标工期范围之内，在兼顾费用、质量控制目标的同时，努力缩短建设工期。

二、建筑施工进度计划的编制

施工进度计划的目的是确定整个工程及各分项分部工程的开竣工日期、施工顺序及施工进度安排。制订施工总进度计划，按照先主体、后辅助，先重点、后一般的原则来制定总工程的工期安排，保证工程能按期保质完工交付使用。住宅工程项目的施工进度计划的各分部分项工程进度计划的顺序为先地下、后地上，先主体、后围护，先土建、后安装，先结构、后装修。施工进度计划制订前先要统计工程的实物工程量、需用工日数、需用机械台班数等信息，它们是编制进度计划的内容，也是安排时间进度的部分依据。

我国施工企业编制进度计划最常用的方法是横道图法，此法在图表中用横线直观地表示各工序的时间进度的计划，便于检查，但它不易分清主要矛盾线与次要矛盾线，不易分清各工序间的联系和相互制约关系。这使得网络图开始用于编制施工计划。编制施工进度计划的依据来源于：经过审批的建筑总平面图，施工合同中规定的开竣工日期，有关的设计图纸，主要分部分项工程的施工方案，有关的预算文件、劳动定额等，现场施工条件及可能提供的工人数，资金及各种机械设备和材料的完备情况。

施工进度计划编制的步骤：①根据工程项目的具体情况，将工程划分不同的分部工程。②计算工程量，确定劳动和机械台班数量。③确定各分部分项工程的开展顺序、起止时间、施工天数、安排进度及搭接关系。④用横道图或网络图编制初始进度计划。⑤对进度计划进行优化和调整。⑥形成最终进度计划。

三、建筑施工进度计划的实施

施工进度计划确定后，关键还要在施工过程中实施好该进度计划，具体可从以下几个方面来保证进度计划的顺利实施：①分工明确，责任到人。根据各细部工序的特点，将进度任务分配到相应的责任人，保证每个分部分项工程都有专人负责进度控制，施工单位在申报月、旬或周进度计划时，也同时汇报各责任人的进度实施情况，并建立一定的奖罚制度，对保质按时完成或提前完成的予以适当奖励，对延误进度的除采取补救措施外，还应对责任人就行为进行追究责任，予以处罚。②定期检查进度计划的执行情况。监理工程师在施工过程中应定期检查进度计划的完成情况，估出实际完成的工程量，以百分率来表示完成计划的比例；并将已完成的百分率及时间与计划进行比较分析，发现问题，分析原因并找出解决对策，可根据实际情况对计划做相应的调整，以保证计划的时效性。可按"三循环滚动"的控制方法来对施工进度进行检查，即以周保月、以月保季、以季保年。③建立及时反应的信息反馈系统。监理人员应做好进度计划的考核、工程进度动态信息反馈工作。施工单位项目部也可配备专业施工计划员，采用 Project 等电脑软件实施施工项目进度管理，以便及时准确地了解工程进度情况，实现每日一跟踪、每日一调整的实时动态管理，适时地对进度计划和人力及各种设备材料等资源进行调配，并通过工程例会将进度调整信息反馈至施工作业班组，同时提供给管理层，为领导决策和项目宏观管理协调提供依据。④采用网络计划控制工程进度。用此法来制定计划和控制实施情况，可以有效抓住关键路径，能使工序安排紧凑，保证合理地分配和利用人力、财力、施工机械等资源。采用网络法的一个重点工作是确定本工程关键线路。用网络计划检查每项工程完成情况时，以不同颜色数字在网络图上记下实际的施工时间，以便与计划对照和检查。此外，应加强预控，尽量不发生工程变更或少变更，通过控制施工质量来减少现场的返工。项目进度计划调整方法。

四、BIM 技术进度管理优势

BIM 技术的引入，突破二维的限制，使用计算机技术将进度计划动态地展现出来,提前进行施工模拟。全面提升协同效率,基于 3D 的 BIM 沟通语言,简单易懂、可视化好,大大提高了沟通效率,减少了理解不一致的情况;基于互联网的 BIM 技术能够建立起强大的系统平台,所有参建单位在授权的情况下,不受时间、区域的限制获得项目最新、最准确、最完整的工程数据,从过去点对点信息传递变成一对多传递信息,提升效率。

在传统工程实施中,由于大量决策依据、数据不能及时完整地提交出来,决策被延迟,或者失策造成工期损失的现象非常多。BIM 形成的工程项目的多维度结构数据库,整理和分析数据几乎实时实现,解决了这一问题。

五、BIM 技术进度管理具体应用

BIM 技术在项目进度管理中的应用体现在项目进行过程中的方方面面,下面仅以鲁班 BIM 系统中的进度计划管理为例进行介绍。

把案例工程 A 土建模型输出 PDS 格式文件并上传到鲁班 BIM 协同平台,通过鲁班进度计划软件(Luban Plan)将编制完成的施工进度计划文件导入到鲁班进度计划中,将模型与施工进度计划相关联,关联完成之后,可查看到基于时间进度的工程虚拟建造过程。

第二节　建筑施工成本管理

一、工程项目成本控制与管理的要求

工程项目成本控制与管理是指施工企业在工程项目施工过程中,分渗透到施工技术和施工管理的措施中,通过实施有效的管理活动,发生的一切经济资源和费用开支等成本信息系统地进行预测、计划、分析等一系列管理工作,使工程项目施工的实际费用控制在预定的计划成本范围内。由此可见,工程施工成本控制贯穿于工程项目管理活动的全过程和各个方面,包括项目投标、施工准备、施工过程中、竣工验收阶段,其中的每个环节都离不开成本控制和管理。因此,工程项目成本控制是项目管理的要求,也是施工企业管理的重要内容。

二、工程项目成本控制过程中的各重要因素与环节

工程项目成本控制贯穿于工程项目管理活动的全过程和各个方面,从项目投

标阶段开始,到施工准备工作阶段,再到现场施工过程,最后到竣工验收结算阶段,其中的每个阶段和环节都离不开成本控制和管理工作。一般来说,应在施工准备阶段、施工过程中、竣工验收阶段这三个阶段,结合工程项目成本控制过程中的各重要因素与环节,进行成本控制。

(一)施工准备阶段的成本控制

工程项目中标后,紧接着就应该做好成本计划,将其作为施工过程控制的依据,此阶段成本控制工作表现得更为具体和细化。在施工准备阶段,首先,必须编制科学合理的实施性施工组织设计,它是指导项目施工的主要依据;然后,结合当地的市场行情和工程自身的特点,合理确定项目目标责任成本,编制明确而具体的成本计划,并及时进行调整和修正,对项目成本进行事前控制。这样的目标成本计划,反映了施工企业的先进水平,用这种标准进行成本控制可以降低成本,提高效益。

(二)施工过程中的成本控制

施工过程中的成本控制是项目成本管理的重要组成部分,主要是各项费用的控制和成本分析。如果项目管理混乱、生产效率低下,那么再科学、合理的成本预算,项目的预期利润再丰厚也无任何意义。因此,在施工过程中,工程成本费用的控制是全面实现成本预算目标的根本保证。施工期间的成本控制要从影响成本的各重要因素着手,制定相应的措施,将实际发生的成本控制在目标计划成本内。

结合施工过程中成本控制的重要影响因素,应从以下几个方面着手对工程直接成本进行有效控制:①材料成本控制:主要包括材料用量控制和材料价格控制。②人工费控制:主要从用工数量方面加以控制。③机械费控制:充分利用现有机械设备,合理进行配置,尽量避免设备资源闲置。④管理费控制:尽可能实行一人多岗制,充分发挥个人潜能,从而降低管理成本。

(三)竣工验收阶段的成本控制

竣工验收阶段的成本控制工作,主要包含对工程验收过程中发生的费用和保修费用的控制及工程尾款的回收。要办理工程结算及追加合同价款,做好成本的核算和分析,项目完工后,要及时进行总结和分析,并与调整的目标计划成本进行对比，找出差异并分析原因。在对项目进行全面总结评价的同时，施工企业根据工程项目成本控制过程的实际情况，注意总结成本节约的经验，吸取成本超支的教训，改进和完善决策水平，从而提高经济效益。

三、BIM 技术成本管理优势

基于 BIM 技术成本管理可以将 BIM 模型与进度管理相结合，革新现有的造价管理模式，结合 3D 模型的造价信息，能快速、精确、有效地对项目的施工过程进行精细化管理，直观地看到整个项目周期的成本、产值。使用云技术，使项目管理人员无论在何时何地都能对资金计划进行管控，实现在云端管理。

第三节　建筑施工质量管理

一、施工质量管理的含义

施工质量管理有两个方面的含义：一是指项目施工单位的施工质量控制，包括施工总承包、分包单位，综合的和专业的施工质量控制；二是指广义的施工阶段项目质量控制，即除了施工单位质量控制外，还包括建设单位、设计单位、监理单位及政府质量监督机构，在施工阶段对项目施工质量所实施的监督管理和控制职能。在这里以施工质量控制展开介绍。管理者应全面掌握质量控制的目标、依据与基本环节及施工质量计划的编制生产要素、施工准备工作和施工作业过程的质量控制方法。

施工质量要达到的最基本的要求是：通过施工形成的项目工程实体质量经检查验收合格。施工质量在合格的前提下，还应符合施工成本合同约定的要求。

施工质量控制应该贯彻全面、全员、全过程的管理思想，运用动态控制原理；进行质量的事前控制、事中控制和事后控制。

二、施工质量管理的实施原则

(一)强化质量意识，全面提高质量管理水平

施工项目经理应树立一个良好的质量意识。因为质量意识是保证建筑工程

整体质量的基本条件,同时,也是搞好建筑工程质量管理重要的一项。建筑工程质量涉及多个方面,是一个由多部分、多层次、多因素组合的整体,因此,必须从筹建协调到具体施工全过程都采取行之有效的控制手段和措施,从而保证建筑工程质量。

(二)建立健全建筑工程质量管理法规,以使各项工作有法可依

建筑工程质量管理方面需要一定的法律法规和规章制度加以规范。加强制定法规部门的权力,扩大他们的管理范围,尽快地制定有关建筑工程质量的权威性法规。

(三)提高建筑工程施工监理的信息管理水平

建立和完善工程质量领导负责制信息源,加强领导实行质量终身责任制。加强对施工质量管理监督横向信息平台的搭建。监督过程中一旦发现违法违规行为,要依法严肃处理,切实做到违法必究、执法必严。建立此类信息接收平台及互换信息模块,建立质量监督管理信息数据库。

三、BIM 技术质量管理优势

建筑业是消耗地球资源最严重的产业之一,而高达 57% 的浪费使得低碳经济时代建筑业的压力骤增,而 BIM 就是新时代的利器。美国斯坦福大学整合设施工程中心在总结 BIM 技术价值时发现,使用 BIM 技术可以消除 40% 的预算外变更,通过及早发现和解决冲突可降低 10% 合同价格。消除变更与返工的主要工具就是 BIM 的碰撞检查。《中国商业地产 BIM 应用研究报告》通过调查问卷发现,77% 的企业在设计阶段遭遇因图纸不清或混乱而造成项目或投资损失,其中有 10% 的企业认为该损失可达项目建造投资的 10% 以上;45% 的施工企业遭遇过招标图纸中存在重大错误,改正成本超过 100 万元。

四、BIM 技术质量管理具体应用

(一)单专业碰撞检查

单专业综合碰撞检查相对简单,只在单一专业内查找碰撞,一般图纸在某一专业内的碰撞错误较少,碰撞检查主要检查设计图纸中的错误及翻模过程中出现的错误,设计者将某一专业模型导入集成应用平台,直接进行分析即可。

(二)基于 BIM 模型的碰撞检查

基于 BIM 模型的碰撞检查是将建筑建模软件和安装建模软件建立 BIM 模型,通过碰撞检查系统整合各专业模型并自动查找出模型中的碰撞点,由专业技术人员对碰撞点反应的问题核查确认,针对不同情况输出碰撞检查报告。

第四节　建筑施工安全管理

一、建筑施工安全管理概念

建筑施工安全管理是一个系统性、科学性的管理,建筑施工的各个阶段都需要贯彻施工安全管理。必须坚持"安全第一,预防为主,综合治理"的管理理念。制定好安全管理体系、安全管理计划、安全管理措施、安全管理应急措施,还要加强安全管理教育。

建筑施工安全管理的基本要求:①所有新员工必须经过三级安全教育。②特殊工种作业人员必须持有特种作业操作证,并严格按规定定期进行复查。③施工机械(特别是现场安设的起重设备等)必须经安全检查合格后方可使用。④必须把好安全生产"六关",即措施关、交底关、教育关、防护关、检查关、改进关。⑤对查出的安全隐患要做到"五定",即定整改责任人、定整改措施、定整改完成时间、定整改完成人、定整改验收人。

二、建筑施工安全管理措施

(一)落实安全责任、实施责任管理

施工项目经理部承担控制、管理施工生产进度、成本、质量、安全等目标的责任。因此,必须同时承担进行安全管理、实现安全生产的责任。建立、完善以项目经理为首的安全生产领导组织,有组织、有领导地开展安全管理活动。承担组织、领导安全生产的责任。建立各级人员安全生产责任制度,明确各级人员的安全责

任。抓制度落实、抓责任落实,定期检查安全责任落实情况,及时报告。

(二)安全教育与训练

进行安全教育与训练,能增强人的安全生产意识,提高安全生产知识,有效地防止人的不安全行为,减少人为失误。安全教育与训练是进行人的行为控制的重要方法和手段。因此,进行安全教育与训练要适时、宜人,内容合理、方式多样,形成制度。组织安全教育,训练做到严肃、严格、严密、严谨,讲求实效。

(三)安全检查

安全检查是发现不安全行为和不安全状态的重要途径,是消除事故隐患,落实整改措施,防止事故伤害,改善劳动条件的重要方法。安全检查的形式有普遍检查、专业检查和季节性检查。

(四)作业标准化

在操作者产生的不安全行为中,由于不知道正确的操作方法、为了干得快些而省略了必要的操作步骤、坚持自己的操作习惯等原因所占比例很大。因此,按科学的作业标准规范人的行为,有利于控制人的不安全行为,减少人为失误。

(五)生产技术与安全技术的统一

生产技术工作是通过完善生产工艺过程、完备生产设备、规范工艺操作,来发挥技术的作用,以保证生产顺利进行的。其包含了安全技术在保证生产顺利进行的全部职能和作用。两者的实施目标虽各有侧重,但工作目的完全统一在保证生产顺利进行、实现效益这一共同的基点上。生产技术、安全技术统一,体现了安全生产责任制的落实,具体地落实"管生产同时管安全"的管理原则。

三、BIM 技术安全管理优势

基于 BIM 的管理模式是创建信息、管理信息、共享信息的数字化方式,基于 BIM 的项目管理,工程基础数据如量、价等,数据准确、数据透明、数据共享,能完全实现短周期、全过程对资金风险及盈利目标的控制;可以提供施工合同、支付凭证、施工变更等工程附件管理,并为成本测算、招标投标、签证管理、支付等全过程造价进行管理;BIM 数据模型保证了各项目的数据动态调整,可以方便统计,追溯各个项目的现金流和资金状况;基于 BIM 的 4D 虚拟建造技术能提前发现在施工阶段可能出现的问题,并逐一修改,提前制定应对措施。

四、BIM 技术安全管理具体体现

以在鲁班 BIM 浏览器客户端中对案例工程进行施工与监理信息录入为例。施工与监理信息一般在 BIM 浏览器的协同及资料管理模块进行,现场相关人员在现场记录、发布文件、旁站监理、平行检测过程中,需要录入审查实体设备、构配件的质量过程中或在隐蔽工程隐蔽之前,通过鲁班 BIM 系统的移动端应用(BIM View),加入监理审核信息、平行检验结果、隐蔽工程检验报告等信息通过手机应用端拍照将照片上传至本项目在系统平台的 BIM 模型上。上传过程中照片存放位置可以选择楼层、轴线、标签、描述等,还可以通过语音描述问题。

第五节　施工现场环境与健康管理

一、施工现场环境与健康管理概念

施工现场环境与健康管理作为建筑施工项目目标管理的一部分,为了保证劳动者在劳动生产过程中的健康安全并保护人类的生存环境,必须加强职业健康安全与环境管理。

施工现场环境管理是指施工现场文明施工,即施工现场的作业环境良好、卫生环境符合要求,还能满足办公秩序。另外,还包括减少对周围居民和环境的影响和确保员工的安全和身心健康。

文明施工可以适应现代化企业的客观要求,有利于员工身心健康,有利于培养和提高施工队伍的整体素质,促进企业综合管理水平的提高,提高企业的知名度和市场竞争力。

二、施工现场环境与健康管理措施

①确立项目经理为现场文明施工第一责任人,以各专业工程师、施工质量、安

全、材料、保卫等现场项目经理部人员为成员的施工现场文明管理组织,共同负责本工程现场文明施工工作。②将文明施工工作考核列入经济责任制,建立定期的检查制度,实行自检、互检、交接检制度,建立奖惩制度,开展文明施工立功竞赛,加强文明施工教育培训。

三、BIM 技术施工现场环境与健康管理优势

在项目建设前期,BIM 技术将场地布置提前进行模拟布置,优化场地布置,模拟大型机械进场,达到合理利用场地,避免由于场地狭小而导致大型机械无法顺利进场的情况。在项目实施过程中,随着项目动态的进行,施工现场用地、材料加工区、材料堆放场地也随之变化而调整,达到提前预警,并减少由于二维平面表达不清晰产生的施工场地布置不当。

四、BIM 技术安全管理具体体现

以在鲁班施工三维场地布置软件中建立案例工程 A 的场地模型为例,通过鲁班施工三维场地布置软件完成案例工程 A 的施工场地布置三维模型,为施工前和施工不同阶段场地布置提供可视化的方案比选;为材料的进出场、堆放提前设计方案以减少二次搬运等,大大提高施工场地的利用率。需要在施工三维场地布置软件中完善的内容包括围墙、大门、道路、加工棚、办公区、生活区,周边环境等。

第八章　BIM 与可持续设计的未来

第一节　与 BIM 一起前行

BIM 的应用还处于起步阶段。BIM 的未来及向自然学习的意愿,可以帮助更快速地迈向一个可持续发展的未来:一个恢复本来面貌的世界,一个健康的地球。

如果不改变工作、生活和娱乐方式,就没有前途,没有未来。如果愿意改变,那么有几件事情是不可避免的。

参数化建模将远远超越对象和组件之间的映射关系。设计师必须了解当地气候和地域特点,模型中也必须包含此类信息。模型中还应该包括建筑类型、隔热值、太阳能的热系数和结构构件等信息。通过模型,设计团队能够了解到他们的选择会对上游和下游产生什么样的影响。建筑模型建好后,设计人员立刻就能看到他们选择的建筑朝向和建筑围护结构对设备系统规模的影响,可以分析设计方案对于《美国残疾人法案》(ADA)的合规性和其他与法律相关的问题,可以计算降雨量,确定雨水蓄水池的大小以满足建筑物和景观灌溉的用水需求。BIM 模型是一个完整的系统,可以实现与建筑关键信息的交互,因此所有系统之间的设计集成和数据反馈是即时的。建筑物投入使用以后,BIM 模型将有机会创造建筑使用状况和建筑生命周期信息的反馈回路。

但是,BIM 不会自己形成解决方案,这还需要依靠人员自己的努力,充分利用各种工具的优势来解决问题,通过使用 BIM,能够把零散的、非智能化的文件系统中的信息转移到一个集中的,并且几乎能在瞬间将参数模型数据分析完毕的文件系统中。在传统系统中,除非打印出来,个别图纸和线条没有任何价值;而利用 BIM,模型内部不同组件之间的信息可以实现互通,这样团队成员就可以综合掌握各种信息,而且文件的形成过程也需要设计团队的沟通和融合。如果选择面对设计的终极挑战,即实现人与自然及建筑与环境的融合,那么需要重新思考自己实践的态度。

一、把 BIM 作为实现整合的工具

尽管已经发展了几十年,但是当今世界上最低效,且最浪费资源的设计过程

可能还是通过二维抽象(图纸),把三维视觉(设计)转换成三维现实(建筑物),近几十年来,建筑师们一直在争论二维图像的制作技巧(线条粗细、页面组合及图集组织),他们把大部分时间用在信息协调上,而不是用在设计的深化和质量上。BIM 的出现是一次飞跃,是设计领域的变革与创新,BIM 的使用意味着一个可持续发展的未来世界,其整合能力贯穿于整个设计过程中。

二、真正可持续性的一项基本原则

真正的可持续设计的一项基本原则是实现所有的建筑系统之间及这些建筑系统与外部经济和环境的整合。当整个设计团队能够共享和使用三维虚拟模型,衡量每个人的工作对整个建筑的影响时,真正整合一下子变得更加真实和必要。

但在今天的 BIM 世界,大部分新生代的设计方法刚刚萌芽,有的已经在成长。例如,在信息协调方面,结构和设备模型现在可以与建筑学模型进行交互:在这个虚拟模型内部,系统协调更准确,更流畅,因而不再需要昂贵的现场协调然而,正如前面看到的,还不具备利用软件对真正可持续设计的所有关键环节进行建模和分析的能力。只能是把 BIM 模型数据导入到不同的虚拟世界(或软件程序),设计团队再利用从虚拟世界里获取的反馈信息对设计进行相应的调整。另外,材料和系统的选择对环境的影响仍然是以传统的目录和手册的形式进行收集和整合,然后再输入到模型中去。如果利用 BIM,这些参数可以被嵌入到模型内。

由于设计和建造团队正逐渐向完善并纯净的 BIM 世界靠拢,从概念设计到后期入住,都可以看到平台和应用程序之间真正的互用性。下一步是要获取重新创建和预测真实的物理环境的能力,使得能准确预测光从墙面和桌面上的反射量,精确地模拟房间内冷或热空气的流动,或直观地显示出一个房间内的声音振动。今天,只能适时地做一些"快照",但在未来的 BIM 及自然环境的模拟中,BIM 模型会根据模拟的物理环境做出反馈,而将可以看到上述现象动态变化的全过程。

第二节　与可持续设计共同前行

近年来,从一些主流媒体(如电视、电影、期刊和流行文化)的报道可以看出,越来越多的人理解并接受了全球变暖现象。由于建筑是温室气体排放的主要来源,而且所使用的建筑材料和产品的内含能对于建筑的整个生命周期来说就等于很高的碳排放量。因此,作为设计者和建设者应承担实施变革的责任。为了让地球更适于居住,需要努力使的建筑环境更加具有可持续性。

不能只是关注建筑某个构件的个体标准,也不能只是关心建筑使用了多少可回收利用的材料,应该为建筑的建设和后期运维设定更低的碳排放标准。除此之外,还要确定建筑内部的空气是否健康,而不只是关注建筑的形式和色彩。未来对建筑设计好坏的判定标准将不是利用最新发明在多大程度上给自然打下了人类存在的烙印,而是在多大程度上把建筑与自然融为一体。

然而,希望建筑能成为生态系统内在的一部分,而不仅仅是存在于生态系统之中。可以想象,每有一个愿意接受这种挑战的业主、设计师、承包商或用户,很可能有比他们多十倍的人还没有真正理解建筑对环境的影响。所以,作为行业的领导者必须继续加大宣传教育的力度,创造新的机会,向社会普及相关知识。

最重要的是,要看能否针对不同的建筑类型和气候状况,利用示范绿色建筑的工程实例给世人以启迪。要以身作则,引领市场转型。在不久的将来,必定会有大量的真正的可持续建筑问世。

一、以身作则

美国绿色建筑委员会(USGBC)在“绿色建筑”会议上,在近 23 000 人面前承诺,生命周期分析将是下一版“能源与环境设计先锋奖”评级系统(LEED V.3.0)的主要组成部分。此外,权重体系是 LEED V.3.0 的一个新亮点,于是采用现场可再生能源和采用自行车停放架,不再会使一个项目获得相同的分数。再者,新版评级系统还针对生态区域的概念增加了 4 项评分标准,主要是因为人们认识到生态区域的具体问题和相应的解决方案具有很高的价值。

当 BNIM 建筑事务所设计的“Liwis 和 Clark 州立办公楼”获得白金评级时,美国绿色建筑委员会的所有 LEED 项目中,获得白金认证的还只有 17 个。但是在接下来短短的 18 个月内,LEED 白金认证项目就达到 64 项,增加了近 3 倍。2007 年 10 月下旬,Aldo Leopold 遗产中心获得了所有白金认证建筑的最高得 1分,成为地球上最环保的建筑,也就为下一年及以后的建筑设定了一个新的基准。在评级过程中,该建筑在 8 项评分标准中没有得分,而这 8 项中有 5 项不适用于该建筑,因为该“中心”不位于市区,而且也没现成的建筑可以被回收利用。

　　"建筑 2030"计划（www. architecture2030. org）正日益受到人们的关注。据"建筑 2030"行动方案,来自 47 个国家的超过 25 万人参加了"势在必行宣讲会"。加州公共事业委员会通过了一项决定,要求加利福尼亚州的投资者拥有的公用工程准备"2009～2020 年全州能源效率战略规划"。该决定指出,全州所有新建的住宅楼应于 2020 年达到净能量消耗为零,而所有新的商业楼宇则要在 2030 年达到净能量消耗为零。

　　社会上有越来越多的工具可用来了解"建筑 2030"中提出的基准和目标,因此,满足它们可能会成为一个普遍的要求。位于得梅因以北的艾奥瓦州市政公用事业协会（IAMU）的办公楼和培训大楼,这栋面积达 12 500 平方英尺的建筑,每平方英尺仅消耗 28.7 千英热单位（KBTU）,这使得它能够满足"建筑 2030"对 2010 年建筑的要求。而该建筑早在"建筑 2030"提出之前的 2000 年就已建成。

二、生态建筑挑战

　　在"卡斯凯迪亚生态建筑挑战计划"的基础上,首届"生态建筑挑战"于 2007 年开始。本次大赛有两大类:第一,"跳板奖"——用于奖励那些只是满足了 16 项要求中的一个或几个要求的项目;第二,"入围奖"——用于奖励那些虽然尚在设计过程中,但是打算满足所有 16 项要求的项目。根据卡斯凯迪亚地区绿色建筑委员会（Cascadia GBC）提供的信息,有十个项目提名"入围奖",但最终的赢家是欧米茄中心的"可持续生态 Omega 研究所"。卡斯凯迪亚 GBC 公司的首席执行官 Jason McLennan 在"绿色建筑"大会上宣布获奖者的同时,也宣布举行"居住地和基础设施挑战"活动,把真正的可持续设计推广到建筑领域之外。

　　Omega 研究所——可持续生态中心:欧米茄研究所委托 BNIM 建筑事务所,在 4.5 英亩的土地上设计一个新的占地面积为 5300 平方英尺的工厂,作为一个新的高度可持续废水过滤设施。该项目的主要目标是通过使用替代处理方法,彻底改变位于纽约州莱茵贝克镇上的大学校园的废水处理系统。大学校园占地面积 195 英亩。作为欧米茄研究中心废水创新处理策略的一部分,该项目对于研究所的来访人员、内部员工及当地社区都很有教育意义。因此,Omega 决定在一栋有许多房间和一个教室或实验室的建筑内展示该系统。处理后的水除了用于花园灌溉之外,存储在一个灰水回收系统内,Omega 把该系统和建筑作为他们教育计划中的教学实例,这些教育计划主要是围绕着他们系统的生态影响而设计的。

这些课程将提供给校园游客、当地的中小学生、大学生及其他当地社区居民。

该项目的初步工程设计工作,是由 Chazen 公司(的土木工程师)和 John Todd 生态设计公司(的污水处理工程师)完成的。前期考察对于整个设计团队在建筑和场地的初步设计是非常宝贵的。整个设计团队包括 BNIM 建筑事务所、环境保护设计论坛、Tipping Mar 及其合伙人结构工程设计公司、BGR 咨询工程师公司、Chazen 公司、John Todd 生态设计公司和 Natural Systems International 公司。

为了实现客户的愿景和项目目标,设计团队首先从基础设计入手,设法降低整个建筑的能源和水资源需求,然后试图采用适当的技术,努力减少或消除项目对环境的负面影响。通过整合所有的设计和工程专业,项目团队制订出协同解决方案,实现了这一目标。

该建筑的设计旨在满足美国绿色建筑委员会的 LEED 白金级标准,并作为生态建筑通过"卡斯凯迪亚 GBC 的生态建筑挑战"获得认证。项目的目标之一是使之成为首屈一指的生态建筑,即使不是在全国范围内,至少在该地区是最好的。为了达到这个目的,整个设计和施工过程依靠来自废水处理、土木工程、景观设计、设备和结构设计等领域的高度协作的专家团队来完成,他们都拥有高性能建筑的设计和建造经历。通过定期的团队会议和工作过程中的协作,由 BNIM 领导的团队的目标是创作出一个高度整合的设计,最终建造出高度整合的建筑和场地,无论有没有"生态建筑"这个称号。

在项目设计过程中,BNIM 建筑事务所、Tipping Mar 及其合伙人结构工程设计公司及 BGR 咨询工程师公司都使用了 BIM 模型。但是,BNIM 是团队成员中唯一能够形成完整 BIM 文档的。

三、资助绿色设计

资金将继续作为绿色建筑行业向前迈进的一个关键问题。尽管大量的研究表明,绿色建筑的成本可以控制在高于市价 6% 以内,但是其初始成本仍然是推广绿色建筑的一大障碍。另外,开展绿色建筑研究也需要资金。在"绿色建筑"大会期间,卡内基—梅隆大学建筑学院的 Vivian Loftness 教授(美国建筑师学会资深会员),道出了关于绿色建筑研究的一些惊人事实:根据美国绿色建筑委员会(USGBC)研究委员会编与可持续设计共同前行 183 制的统计数据,只有 0.21% 的联邦研究经费花在了资助绿色建筑的研究上,而前两名的联邦研究资助领域分别是国防(57%)和健康(23%)。

就像许多非银行金融机构投资数十亿美元研究应对全球气候变化的举措一样,更多的研究资金将会来源于积极的行动:美洲银行宣布推出一项为期 10 年,耗资 200 亿美元的行动计划;花旗银行宣布推出一项为期 10 年,耗资 500 亿美元的行动计划,重点是研究可再生能源和清洁技术的发展和市场供应情况。这样的投资将通过贷款、融资、慈善和创造新的产品和服务,促进环境可持续实践的发展。

实施 CCI 的城市包括:亚的斯亚贝巴,雅典,曼谷,北京,柏林,波哥大,布宜诺斯艾利斯,开罗,加拉加斯,芝加哥,德里,达卡,河内,中国香港,休斯敦,伊斯坦布尔,雅加达,约翰内斯堡,卡拉奇,拉各斯,利马,伦敦,洛杉矶,马德里,墨尔本,墨西哥城,莫斯科,孟买,纽约,巴黎,费城,里约热内卢,罗马,圣保罗,首尔,上海,悉尼,东京,多伦多和华沙等。

四、变革的机遇

近期出现的各种整合模式表明,许多不同但相关的学科有殊途同归的趋势。从技术层面上来讲,可能已经拥有了实现这种整合所需要的信息和工具,但必须从全球的高度,重新审视资源消耗及其对环境的影响。利用现有的工具和人类智慧,可以团结起来,高效地共同重建一个可持续发展的地球,一个适宜人类居住的地球,甚至能使地球重新充满活力。要实现这一目的首要的一点就是,作为人类要向大自然学习——从根本上愿意去改变。

利用 BIM 和整合设计工具,可以更好地预测设计会对地球产生什么样的影响。在真正开始建造之前,通过创建虚拟建筑,可以实现:①提高生产效率,降低人力消耗。②减少专业及职业之间的冲突。③缩短工期。④降低复杂度相关的成本。⑤降低设计者和制造者之间因沟通不畅造成的信息或意图丢失。⑥减少材料浪费。⑦减少错误和遗漏。⑧增强快速测试许多不同复杂选项的能力。⑨提高量化和测试变量的能力。⑩提高制造精度。⑪提高生产力和工作效率。⑫促进沟通与协作。⑬增加突破性和恢复性解决方案的机会。

这些目标都是使建筑环境更具可持续性的解决方案的一部分。利用 BIM 可能能够实现这些目标。虽然这些目标都很美好,但是它们也含糊不清,不能很好地量化。

五、BIM 的未来

可以采用多种方式利用 BIM 来创造一个更加可持续的世界。由于 BIM 的使用过程变得越来越整合化,许多解决方案将变得更加透明。为了实现这一目标,必须在对环境有最大和最直接影响的领域,进行改革和创新。当然,事情并不能一蹴而就。希望目前的努力方向是那些具有最大的初始影响的领域。下面列出的是认为为了实现可持续的建筑环境必须首先着眼革新的领域。

(一)软件之间的兼容性

BIM 是建筑几何尺寸的重要来源。它包含建筑在结构、机电和建筑学方面的思想和概念,是完工项目的三维数字化形式。然而,要成为一种理想的分析工具,它还有很长的路要走,因为一种工具不可能是无所不能的。实现更好的可持续解决方案,最主要和最明显的需求是 BIM 软件之间需要有更好的兼容性。分析软件已经在许多领域内得到广泛的应用,如成本、人力、能源、舒适度、采光和生命周期分析,而且分析软件的应用范围会继续扩大。把建筑的几何形状和必要的辅助数据从 BIM 模型中转移到分析软件内的能力是至关重要的。根据自己的项目和性能分析,发现用于创建和分析能耗模型所花时间的 50% 都用于在新程序中进行单纯的几何建模。

拥有了把变量数据从 BIM 模型转移到分析软件的能力才只是个开始,真正有价值的是能够把分析软件修改过的数据,再导回 BIM 模型中。

(二)设计师对 BIM 模型的更多投入

随着建筑领域越来越趋向于采用可持续解决方案,设计师需要的知识也要跟着不断变化。设计工作不再仅仅是选择一面墙上是否要有玻璃那么简单。玻璃的类型、建筑朝向及在不同气候条件下建筑物接受阳光直射或处于阴影中的时间长短等,都是设计出精品建筑的关键因素。

设计人员不仅要懂得玻璃装配对建筑的热性能和视觉特性的影响,并且还要清楚它对建筑内的空间质量有何影响。另一个例子是,需要清楚不同类型的坐便器的流量,以便计算蓄水池的尺寸,用于收集和再利用雨水。同样,也需要了解构成建筑的其他系统的性能。目前,BIM 还不具备跟踪查看能量消耗、用水和照明效率的能力。能够把这些指标直接输入建筑设计模型,将成为利用未来的设计工具进行迭代设计的必备能力。如果设计师能够熟练掌握 BIM 应用程序,他或她则可以利用自定义的方法让 BIM 包含这些信息。一些应纳入 BIM 模型中的元素及材料的特性如下:①光反射率。②透光率。③太阳能得热系数。④R 值(或 U 值)。

这四个值将有助于直接从建筑信息模型创建能源消耗和采光模型。

(三)碳排放核算整合

目前还没有整合的软件解决方案能够在项目设计阶段追踪建筑物的碳排放量。建筑物的碳排放量是目前用于衡量其可持续性的主要因素,因为建筑物碳排放贯穿整个施工和使用的生命周期。

(四)建筑材料的内含能

建筑材料的内含能包括获取用于制造初级产品的原材料所消耗的能量,利用原材料生产出初级产品所消耗的能量,转移初级产品到特定地点进行装配所消耗的能量,把成品转移到建筑现场进行安装所消耗的能量。

(五)建筑物建造过程中的碳排放

建筑物建造过程中的碳排放包括现场设备的碳排放及切割作业或所使用的材料造成的废气,如油漆或密封剂干燥时释放出的废气,用于粘接中密度纤维板或胶合板的胶释放出的废气。

(六)工人从住处到工地乘坐的交通工具的碳排放

如果建筑组件是在场外制造的,把这些组件运到现场会产生大量的碳排放。建筑组件运到建筑现场往往是单程的,而建筑工人需要每周 5 次开车往返于工地和住处。如果工人住得较远,而建筑项目又较大,那么这部分的碳排放将是很大的。

建筑物建造完成并投入使用后,还有一些因素会增加碳排放。例如:①建筑的使用者距离该建筑的距离和开车时间长短;②随着时间的流逝,建筑物内部系统运行效率的降低。

在选择建筑场地(城市或郊区)、建筑材料和生命周期成本时,能够追踪建筑物的碳负荷,将可以帮助做出更明智的决策——在哪里取材和为什么要在那里取材。但是很多时候,根本就没有这方面的信息来帮助做出此类决定,因此的决策常常会被初始成本所左右。

(七)快速计算

BIM 是一个数据库。与其他数据库一样,它具有追踪并计算元素的能力及根据计算反馈信息的能力。

设计团队可以直接受益于 BIM 模型的使用,但是当前还有几种计算方法无法直接利用 BIM 模型实现。在这里列出了其中的一部分。

(八)屋顶面积计算

通过计算屋顶的规划面积,可以直接把这个数据导入建筑物所在地区的雨水表中,这样就可以获得从屋顶区域收集到的雨水量。然后,可以将这个数字导入公式,计算出用于收集和再利用雨水的蓄水池的尺寸。此外,许多城市会对非块石铺装的路面依法征税,所得税款用于雨水治理。

同样,还可以根据建筑朝向,计算可以用于光伏发电的屋顶面积。

(九)窗—墙比

主要建筑朝向上的窗—墙比报告,是有助于可持续设计的另一个关键计算。这种计算可以帮助设计人员平衡每个立面的热量吸收和可用日光量,从而使得设计与当地气候相适应。

(十)气象数据的交互

在 BIM 模型中可以设置项目的经度和纬度位置。然后把该位置信息与网上气象数据相结合。许多环境统计数据都可以从网上下载。

最终的结果是使模型和设计师获取环境因素的信息,如风、雨和阳光,这也是在模型环境中创建建筑物周边的物理环境的第一步。

六、机遇

BIM 和可持续发展相结合的未来，可以让更自如地加速迈向一个得到修复的世界和更健康的地球。如果不改变工作、生活和娱乐方式，前途将暗淡无光，没有未来。BIM 与可持续设计之间的关系无比重要，而且有几件事情是不可避免的。

参数化建模将远远超越对象和组件之间的映射关系。设计师必须了解当地气候和地域特点，模型中也必须包含此类信息。模型中还应该包括建筑类型、隔热值、太阳能得热系数及项目对其所在地的社会经济环境的影响等信息。通过模型，设计团队能够了解他们的选择会对上游和下游产生什么样的影响。

建筑模型建好后，设计人员立刻就能看到他们选择的建筑朝向和建筑围护结构，对设备系统的大小和居住者舒适度的影响。项目屋顶能收集到的雨水量和太阳辐射值可以很容易就计算出，以确定雨水蓄水池和可再生资源系统的大小。未来的 BIM 模型可以完全实现与建筑物关键信息、气候信息、用户需求及三重底线影响的交互，因此所有系统之间的设计集成和数据反馈是立竿见影并互惠互利的。建筑物投入使用以后，BIM 模型会形成建筑使用状况和建筑生命周期的反馈信息。

如果选择接受终极设计挑战——大自然与人类之间及建筑与自然环境之间的融合——需要重新思考对待实践的态度。

近期出现的各种整合模式表明，许多不同但相关学科的观点有殊途同归的趋势。从技术层面上来讲，可能已经拥有了实现这种整合所需要的信息和工具，但必须从全球的高度，重新审视的资源消耗及其对环境和社会公平的影响。利用现有的工具和人类智慧，可以团结起来，高效地共同重建一个可持续发展的地球，一个适宜人类居住的地球，甚至能使地球重新充满活力。要实现这一目的首要的一点就是，作为人类要向大自然学习——从根本上愿意去改变。

参 考 文 献

[1] 张雷,董文祥,哈小平.BIM 技术原理及应用[M].济南:山东科学技术出版社,2019.

[2] 张明飞.基于 EIM 技术的大型建筑群体数字化协同管理[M].上海:同济大学出版社,2019.

[3] 李秋娜,史靖源.基于 BIM 技术的装配式建筑设计研究[M].南京:江南凤凰美术出版社,2019.

[4] 宋娟,贺龙喜,杨明柱.基于 BIM 技术的绿色建筑施工新方法研究[M].长春:吉林科学技术出版社,2019.

[5] 赵伟,孙建军.BIM 技术在建筑施工项目管理中的应用[M].成都:电子科技大学出版社,2019.

[6] 赵军,印红梅,海光美.建筑设备工程 EIM 技术[M].北京:化学工业出版社,2019.

[7] 丁树奎,金淮."EIM 技术与应用"系列基于 EIM 的数字城市轨道交通建设与总体管理[M].北京:清华大学出版社,2019.

[8] 柴美娟,徐卫星.高等教育 EIM 技术应用系列创新规划教材:EIM 建筑信息模型 Revit 操作教程[M].北京:清华大学出版社,2019.

[9] 张治国.BIM 实操技术[M].北京:机械工业出版社,2019.

[10] 程国强.EIM 信息技术应用系列图书 BIM 工程施工技术[M].北京:化学工业出版社,2019.

[11] 王岩,计凌峰.BIM 建模基础与应用[M].北京:北京理工大学出版社,2019.

[12] 孙庆霞,刘广文,于庆华,等.BTM 技术应用实务[M].北京:北京理工大学出版社,2018.

[13] 徐照,徐春社,袁竞峰,等.BIM 技术与现代化建筑运维管理[M].南京:东南大学出版社,2018.

[14] 赵伟卓,徐媛媛.BIM 技术应用教程 Revit Ar chitecture 2016[M].南京:东南大学出版社,2018.

[15] 郭娟,袁富贵.BIM 技术应用实务建筑设备部分[M].武汉:武汉大学出版社,2018.